한눈에 알아보는 우리 생물 6

화살표

민물
고기
도감

한눈에 알아보는 우리 생물 6

화살표 **민물고기 도감**

펴낸날 2017년 11월 13일
글·사진 송호복

펴낸이 조영권
만든이 노인향
꾸민이 토가 김선태

펴낸곳 자연과생태
주소 서울 마포구 신수로 25-32, 101(구수동)
전화 02) 701-7345~6 **팩스** 02) 701-7347
홈페이지 www.econature.co.kr
등록 제2007-000217호

ISBN : 978-89-97429-83-7 96490

한눈에 알아보는 우리 생물 6

화살표

민물
고기
도감

글·사진 **송호복**

자연과생태

시골에서 자란 어린 시절의 나날은 아주 단순해서 동무들과 산이나 들판, 냇가를 쏘다니는 일로 하루 대부분을 보냈습니다. 그저 새들에게 돌팔매질이나 해 대고 너구리굴에 연기도 피워 보고, 물속에 들어가 풍덩대며 물고기를 쫓기도 했습니다. 그 시절 사마귀든 박새든 피라미든 그놈들 생김새나 이름은 대수로이 여길 게 아니어서 그냥 한나절 재미있게 실컷 뛰어놀면 그만이었습니다.

참 희한한 것이 머리가 굵어지면서 놈들이 점점 구별되기 시작했습니다. 무조건 피라미라고 부르던 녀석들 생김새가 조금씩 다른 것이 눈에 들어왔습니다. 잠자리도 한두 가지가 아니어서 개울에 나타나는 놈, 연못 주변에 사는 놈이나 한여름 뙤약볕에 어지럽게 날아다니던 놈이 서로 많이 다르다는 것도 알게 되었습니다.

그 즈음 '원색 생물도감' 같은 보물이 제 품으로 들어왔습니다. 집 안으로 곤충이나 물고기를 쉴 새 없이 잡아들이는 걸 본 아버지께서 인심을 조금 쓰셨던 겁니다. 그 책에는 포유류와 뱀에다가 곤충, 물고기, 온갖 식물까지 실렸는데, 그 다양함과 화려함이 놀랍고 신비로웠습니다. 이것저것 비교해 가며 생김새와 이름을 맞추어 보는 재미에 아주 신이 났습니다. 자칭 동네 물고기 박사였던 아저씨가 가르쳐 준 중태기가 버들치였고, 불거지는 피라미라는 것도 그때서야 알았습니다.

사람들은 궁금한 것, 알고 싶은 것이 참으로 많은 듯합니다. 노래를 들으면 노래 제목을 알고 싶어 하고 나풀거리는 나비를 보면 이름이 뭘까 궁금해합니다. 아마도 인간이 가진 본능적인 탐구 반응이 아닐까 싶습니다. 오늘날 인류가 이렇게까지 발전하고, 다양하고 화려한 문명을 누릴 수 있는 바탕이 호기심 때문이라고도 합니다.

주변에서 흔히 마주치는 생물 이름을 알고 싶어 하는 것도 당연할 텐데, 제가 그랬던 것처럼 생물도감이 그 궁금증을 해결해 주는 데 큰 도움이 됩니다. <자연과생태>에서 펴내는 '화살표 도감 시리즈' 가운데 하나로 물고기 도감을 펴냅니다. 모두 111종을 담았는데, 이 정도만 안다면 아마도 민물에서 만나는 물고기 대부분을 구별할 수 있으리라 생각합니다. 다만 독자께서 보시기에 이 책이 어린 시절 제가 겪었던 그놈이 그놈 같은 아리송함을 얼마나 해결해 놓았을까 몹시 걱정됩니다. 부족한 점이 있더라도 헤아려 주시길 바랍니다. 이 시리즈를 통해서 물고기를 비롯해 주변 여러 생물을 알아가는 기쁨, 나아가 어린 시절 제가 느꼈던 것과 같은 그 신바람까지 여러분께 선물할 수 있다면 더 바랄 것이 없겠습니다.

2017년 11월

송호복

- 이 책은 처음 민물고기를 살펴보려는 분들을 헤아려 만들었습니다. 그래서 책에 담을 종을 고르고 싣는 순서를 정할 때 분류체계나 학술적 가치를 따지지 않고 사는 곳과 생김새를 기준으로 삼았습니다.

- 민물고기 111종을 실었으며, '사는 곳으로 찾기(앞쪽)'와 '생김새를 견주며 살펴보기(뒤쪽)'로 나눴습니다. 종에 관한 폭넓은 해설은 앞쪽에서, 종을 구별하는 특징이나 생김새가 비슷해 헷갈리는 종은 뒤쪽에서 살펴보면 좋습니다.

- 사는 곳은 크게 물이 흐르는 냇물과 잔잔한 호수로 나눴습니다. 냇물은 다시 위에서부터 계류–상류–중상류–중류–중하류–하류–하구로 나눴고, 호수와 연못도 구분했습니다. 각 구역에서 쉽게 만날 수 있는 물고기를 다루었습니다. 그러나 뒤쪽에서는 다루는 물고기와 비슷한 종이라면 보기 드물거나 사는 곳을 따지지 않고 나란히 설명했습니다.

- 가장 널리 알려진 보기를 살펴서 민물고기가 사는 곳을 나누었으나 꼭 이와 같다고는 할 수 없습니다. 상류에 사는 물고기가 중류에 나타날 수도 있고, 중류에 사는 물고기가 더러 상류에 나타나기도 합니다.

- 냇물도 지형에 따라 상류형과 중상류형 또는 중류형이 번갈아 나타날 수도 있습니다. 냇물 형태가 바뀌면 그에 맞는 물고기가 나타나 살기도 합니다. 그러나 종마다 좋아하고 살 수 있는 물이 달라 대개 다른 물에서는 오래 살시 못합니다.

- 우리나라 민물고기 분포는 '분포구계'에 따라 크게 나뉘고 각 분포구계에서도 물줄기(수계)에 따라 다시 나뉠 때가 많습니다. 민물고기 분포구계와 수계를 잘 헤아리면 종을 알아보는 데 활용할 수 있습니다. 분포구계를 살펴 비슷한 종을 구별할 수 있을 때는 그 종 분포도를 함께 실었습니다.

- 냇물 사진은 냇물 너비, 물살 너비, 물 부피 같은 냇물 크기, 가파른 정도에 따른 물 흐름, 바닥을 이루는 구조, 물가 식물 종류를 가늠할 수 있도록 골고루 보여 주고, 다루는 물고기가 좋아하는 환경이 드러나는 사진을 골라 담았습니다.

중류

중하류, 하류, 호수, 연못

하구

납자루아과 구별하기

생김새를 견주며 살펴보기

우리나라 민물고기

민물고기 구분

민물고기와 바닷물고기를 통틀어 지구에 사는 물고기는 모두 32,000종쯤이다. 우리나라에는 1,186종이 살며(국립생물자원관, 2011), 민물고기는 210~220종으로 알려졌다.

민물고기는 생태에 따라 크게 순민물고기와 회유성물고기로 나누며, 회유성물고기는 어떻게 옮겨 다니느냐에 따라 다시 강오름물고기, 강내림물고기, 양측회유성물고기, 육봉형물고기로 나눈다.

순민물고기: 일생을 민물에서만 보내는 종(붕어, 잉어, 피라미)

회유성물고기: 일정한 시기에 민물과 바닷물을 오가는 종

- **강오름물고기:** 냇물에서 태어나 바다로 가서 자라고 알을 낳으려고 다시 냇물로 돌아오는 종(칠성장어, 황어, 연어, 송어)
- **강내림물고기:** 바다에서 태어나 냇물에 올라와서 자란 뒤 알을 낳으려고 다시 바다로 가는 종(뱀장어, 무태장어)
- **양측회유성물고기:** 민물, 반소금물(기수) 또는 바닷물에 살면서 번식과 상관없이 양쪽을 오가는 종(은어, 숭어, 한둑중개, 망둑어과)
- **육봉형물고기:** 회유성물고기가 바다로 가지 않고 냇물에 정착해 일생을 보내는 종(열목어, 가시고기, 빙어, 밀어)

지리에 따른 분포

한반도 민물고기가 퍼진 양상은 냇물이 어디에서 비롯했는지, 물줄기(수계)에 따라 나타나는 종, 고유종 분포를 기준으로 크게 서한아지역(west korea subdistrict), 남한아지역(south korea subdistrict), 동북한아지역(east-north korea subdistrict) 3개로 나눈다. 모든 분포구계에 사는 종도 있고 각 분포구계에만 사는 종이 있다.

- **서한아지역:** 낭림산맥과 백두대간을 중심으로 압록강부터 대동강, 한강, 금강, 동진강처럼 서해로 흘러드는 냇물
- **남한아지역:** 영산강부터 섬진강, 낙동강 같은 서남해 및 남해로 흘러드는 냇물과 태화강, 형산강, 삼척오십천, 주수천처럼 동해 중남부로 흘러드는 냇물
- **동북한아지역:** 강릉남대천부터 북한 두만강까지 백두대간 동쪽, 즉 동해 북부로 흘러드는 냇물

민물고기가 사는 곳

냇물

냇물은 크게 상류, 중류, 하류로 나눈다. 상류는 한 사행구간(구불구불한 구간)에 여울과 웅덩이(소, 沼)가 여러 번 나타나고 바닥은 바위나 큰 돌로 이루어진다. 중류는 한 사행구간에 여울과 웅덩이가 한 번 나타나면서 여울은 얕고 물 흐름이 빠르며 물결이 일고, 바닥은 자갈, 잔자갈, 굵은 모래로 이루어진다. 하류는 좀 더 깊고 물 흐름이 느려 여울에서도 물결이 일지 않고 바닥이 모래나 진흙으로 이루어진다.

또한 냇물 구간을 좀 더 잘게 계류-상류-중상류-중류-중하류-하류-하구로 나누기도 한다. 바다로 흘러드는 하류나 하구는 밀물과 썰물 영향을 받는 곳으로 민물과 바닷물이 섞여 반소금물이 되며 냇물이나 바다와 다른 생태계를 이룬다.

계류

상류

중상류

중류

중하류

하류

하구

호수

우리나라 호수는 옛날에는 냇물이었으나 지금은 흔적만 남은 곳에 만들어진 우각호(牛角湖, 구불구불한 냇물 일부가 떨어져 나가 생긴 초승달꼴 호수)나 하적호(河跡湖, 침식 작용으로 냇물이 흐르던 자리에 생긴 호수로 보통 좁고 길며 구부러짐), 큰 강 하류에 나타나는 배후습지, 바닷가 만이나 작은 하구가 모래톱으로 막혀 만들어진 석호, 화산 활동으로 만들어진 호수, 댐이나 보 때문에 만들어진 호수나 저수지로 구분한다.

보통 깊이 5m가 넘을 만큼 깊어 침수식물이 자라지 못하는 곳을 호수라 하고, 좀 더 작고 깊이 1~5m로 침수식물이 자라는 곳을 늪, 더욱 작으며 깊이 1m가 안 될 만큼 얕아 침수식물뿐만 아니라 정수식물도 널리 자라는 곳을 소택지라 한다. 그러나 이를 뚜렷하게 나누지 않고 지역 특성이나 배경에 따라 호, 못, 지, 연, 담, 포 등으로 부르기도 한다.

우리나라에는 석호, 배후습지, 우각호 같은 자연호수는 적고 댐이나 보 때문에 생긴 인공호나 저수지가 많다.

호수

늪

소택지

민물고기 잡기

유의 사항과 준비물

물고기를 잡으려고 물가에서 또는 물에 들어가거나 배를 타고 가서 그물을 칠 때가 있다. 물속 바위나 돌에는 조류(藻類)가 붙어 있어 매우 미끄러우며, 센 물살에 휩쓸리거나 깊은 웅덩이에 빠질 수도 있다. 따라서 물고기를 잡는 동안에는 사고가 일어나지 않도록 조심한다. 혼자 물고기를 잡는 것은 매우 위험하니 늘 2~3명이 함께 움직인다. 깊은 곳에서 잡거나 배를 탈 때에는 반드시 구명조끼를 입는다.

가슴장화: 가슴까지 올라오는 긴 장화로 옷이 물에 젖지 않게 하며, 부상을 막아 준다. 미끄러지지 않도록 장화 바닥이 펠트(felt)로 된 것을 쓴다.

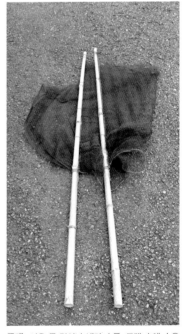

족대: 여울 돌 밑이나 냇가 수풀, 모래 속에 숨은 물고기를 잡을 때 쓴다. 그물눈 크기는 5mm가 알맞다.

뜰채: 물풀 사이나 물가 얕은 곳에 사는 송사리처럼 작은 물고기나 어린 물고기, 조간대에서 망둑어를 잡을 때 쓴다. 그물눈 크기는 2~3mm가 알맞다.

투망: 깊이 1m가 안 되는 여울이나 물이 잔잔한 곳에서 물고기를 잡을 때 사용하며, 그물을 잘 펼치려면 연습을 많이 해야 한다. 불법 어구이므로 허가 없이 쓸 수 없다. 그물눈 크기는 6~7mm가 알맞다.

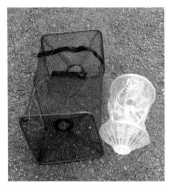

유인망(새우망): 망으로 쌓인 틀 안에 떡밥을 넣고 물속에 넣어 두면 물고기가 떡밥을 먹으려고 망 안으로 들어간다. 그물 눈 크기는 3mm가 알맞다. 투명 플라스틱이나 비닐로 만든 것도 있다.

채집통: 낚시용 아이스박스나 플라스틱 통을 쓴다.
휴대용 공기펌프: 잡은 물고기를 살려서 보관하거나 운반하고자 채집통 물속에 공기를 넣는 기구다. 건전지로 펌프를 작동시키며, 자동차 시거잭에 연결해 쓰는 것도 가지고 다니면 편하다.

물고기 생김새 살펴보기

생김새

물고기 생김새는 옆에서 본 생김새와 몸통을 잘랐을 때 앞에서 본 생김새로 나눈다.

- **길쭉하게 둥근 꼴(유선형):** 몸통이 두껍고 몸높이는 조금 높다. 몸통 잘린 면은 길쭉하게 둥글며 주로 흐르는 물에 살거나 헤엄을 빠르게 치는 종이 이렇게 생겼다.
- **옆으로 납작한 꼴:** 몸이 옆으로 납작해 몸통 잘린 면이 위아래로 매우 길며 주로 물이 흐르지 않는 곳이나 흐름이 약한 곳에 사는 종이 이렇게 생겼다.
- **위아래로 납작한 꼴:** 몸이 위아래로 납작해 몸통 잘린 면이 옆으로 길다. 주로 냇물 바닥에 사는 종이 이렇게 생겼다.
- **둥근 꼴:** 몸통이 굵고 짧으며 잘린 면이 둥글다. 복어 종류가 이렇게 생겼다.
- **가늘고 긴 꼴:** 몸 너비나 높이에 비해 길이가 매우 길며 잘린 면은 둥글다. 뱀장어나 미꾸리과 종이 이렇게 생겼다.

몸통을 잘랐을 때 앞에서 본 생김새

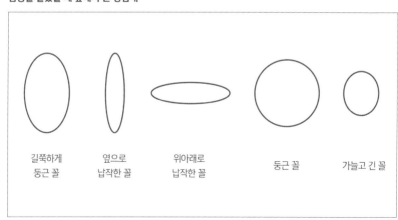

길쭉하게 둥근 꼴 · 옆으로 납작한 꼴 · 위아래로 납작한 꼴 · 둥근 꼴 · 가늘고 긴 꼴

길쭉하게 둥근 꼴(유선형). 어름치

옆으로 납작한 꼴. 주둥치

위아래로 납작한 꼴. 강주걱양태

둥근 꼴. 복섬

가늘고 긴 꼴. 드렁허리

가늘고 긴 꼴. 북방종개

무늬

민무늬인 종도 있지만 몸에 바탕색과 다른 무늬가 나타나는 종이 많다. 보통 얼룩(반문), 점, 줄이 있다. 특히 줄은 물고기 **머리를 위쪽, 꼬리를 아래쪽이 되게 놓고 보았을 때**, 머리 쪽에서 꼬리 쪽으로 몸통을 따라 이어지는 세로줄, 등 쪽에서 배 쪽으로 몸통을 가로지르는 가로줄로 나눈다.

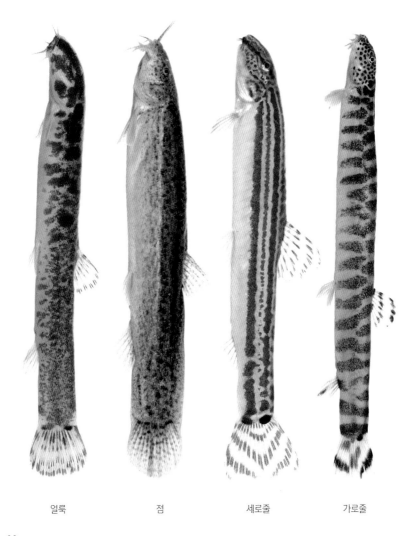

얼룩   점   세로줄   가로줄

크기를 잴 곳

- **전체 몸길이(전장):** 주둥이 앞 끝에서 꼬리지느러미 끝까지 길이
- **몸길이(체장):** 위턱 앞 끝에서 꼬리자루 끝까지 길이
- **머리길이(두장):** 위턱 앞 끝에서 아가미덮개 끝까지 길이
- **몸높이(체고):** 지느러미를 뺀 몸통 밑에서 가장 높은 곳까지 길이
- **꼬리자루 길이(미병장):** 뒷지느러미 기부가 끝나는 곳부터 마지막 척추골까지 길이
- **꼬리자루 높이(미병고):** 꼬리자루에서 가장 낮은 곳 높이

물고기 부위 이름과 크기

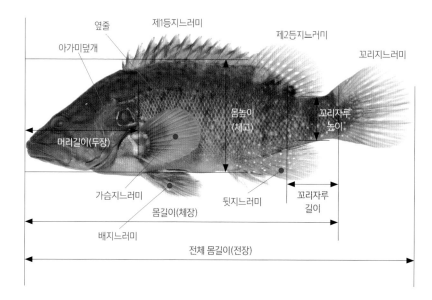

수를 셀 곳

- **옆줄비늘:** 모든 옆줄비늘 수
- **지느러미살:** 보통 등지느러미와 뒷지느러미를 센다. 지느러미살(기조)은 딱딱한 가시(극조, 棘條, spinous ray)와 부드러운 줄기(연조, 軟條, soft ray)로 나누며, 가시는 마디가 없고 줄기는 마디가 있다. 줄기는 다시 끝이 갈라지지 않은 것(불분지연조)과 끝이 갈라진 것(분지연조)으로 나눈다.

* 등지느러미 갈라진 줄기(분지연조)를 설명할 때 가끔 함께 쓰는 괄호 속 숫자는 예외인 경우를 나타낸 것. 예) 등지느러미 갈라진 줄기는 (10)11~12: 대부분 11~12개이나 아주 가끔 10개인 경우도 있음

지느러미살 수를 세는 법

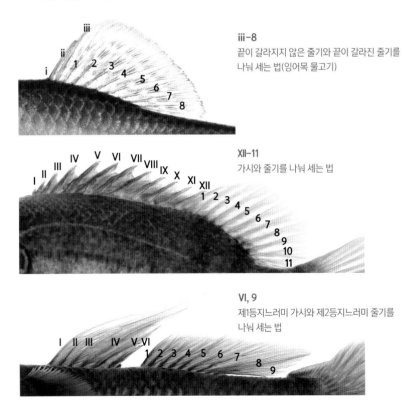

iii-8
끝이 갈라지지 않은 줄기와 끝이 갈라진 줄기를 나눠 세는 법(잉어목 물고기)

XII-11
가시와 줄기를 나눠 세는 법

VI, 9
제1등지느러미 가시와 제2등지느러미 줄기를 나눠 세는 법

사는 곳으로
찾기

계류

계류는 냇물이 시작되는 물길에서 가장 위쪽으로 높은 산 사이에 만들어진다. 계류 양 옆으로
는 나무가 울창해 햇빛이 닿지 않아서 한여름에도 서늘하며, 눅눅해서 물가 바위가 이끼로 덮
인 곳이 많다. 비탈지고 바닥은 대부분 암반이거나 바위로 이루어지며 물살이 느린 곳에는 큰
돌이나 자갈이 쌓이기도 한다. 물 양은 적지만 여울에서는 물이 세차게 흐르면서 부서지고 여
울에 이어 깊거나 얕은 웅덩이(소, 沼)가 되풀이해서 나타난다. 계류는 물 온도가 낮고 물에 녹
아 있는 산소(용존산소)가 많으며 오염 물질이 거의 없어 깨끗하다.

계류 물고기는 한여름에도 물 온도가 섭씨 20도를 웃돌지 않는 찬물에 살며, 물리적 교란이나
수질 오염 같은 환경 변화에 아주 민감하다. 물이 매우 차고 물 환경이 단순해서 사는 종이 적
다. 금강모치, 버들치, 버들개 같은 버들치 종류를 비롯해 둑중개 같은 작은 물고기가 살며, 열
목어나 산천어처럼 민물에 정착한 연어 무리도 산다.

가야천, 합천

방태천, 인제

무주남대천, 무주

금강모치

- **크기:** 6~10cm
- **생김새:** 몸은 길며 옆으로 조금 납작하다. 꼬리 자루는 조금 길다. 위턱이 아래턱보다 조금 길며, 눈이 크다.
- **몸 색깔:** 회갈색이며, 작고 검은 점이 불규칙하게 흩어져 있다. 몸 옆면 가운데에 금빛 광택이 나는 세로줄이 있고, 주황색 세로줄이 2개 있다. 등지느러미 아랫부분에 검은 점이 있다.
- **사는 곳:** 물이 많은 계류
- **생태:** 순민물고기. 물이 많고 차가운 여울이나 깊은 웅덩이 중간 깊이에서 지낸다. 주변 나무에서 떨어지는 곤충과 물살이곤충을 먹는다. 물 온도와 오염에 민감해 한살이 내내 계류를 벗어나지 않는다. 4~5월에 알을 낳는다.

- **분포:** 한강수계 계류에 대부분 우점종으로 살며 한강수계 외에는 금강수계 무주남대천에서만 산다. 영동 북부 연곡천, 양양남대천, 쌍천에는 옮겨져 들어왔다. 한국고유종이다.
- **비슷한 종:** 버들가지, 버들치, 버들개, 버들피리

구운천, 화천

버들치

- **크기:** 6~12cm
- **생김새:** 몸은 길고 옆으로 조금 납작하다. 위턱이 아래턱보다 조금 길고, 주둥이는 뭉뚝하다. 꼬리 자루는 짧고 높다.
- **몸 색깔:** 어두운 갈색이며 배 쪽은 색이 옅다. 몸 옆면 가운데를 따라 희미한 검은색 세로줄이 나타나기도 한다. 몸 옆면, 특히 등 쪽으로 작고 짙은 갈색 점이 무척 많이 흩어져 있다.
- **사는 곳:** 물이 많지 않은 계류나 최상류
- **생태:** 순민물고기. 계류나 최상류에 흔하게 살지만 높은 물 온도나 오염을 매우 잘 견딘다. 잡식성으로 물살이곤충, 부착조류, 식물조각을 먹는다. 4~5월에 알을 낳는다.
- **분포:** 서해와 남해로 흘러드는 냇물과 옥계 주수천 이남 동해로 흘러드는 대부분 냇물에 산다. 요즘에는 영동 북부 여러 냇물에 옮겨져 들어왔다.
- **비슷한 종:** 버들개, 버들가지, 금강모치, 버들피리
- **참고:** 버들치가 주로 사는 계류나 최상류는 흐르는 물의 양이 적어 갈수기에 흔히 물이 마르고, 물 온도가 높아지거나 수질이 나빠진다. 이렇게 나쁜 환경에서 살아온 버들치는 적은 물, 높은 물 온도, 오염에 견디는 힘이 강해서 물 환경이 나쁜 작은 개울에서도 쉽게 볼 수 있다. 버들치를 흔히 1급수 지표종으로 보고 있으나 주로 사는 곳인 상류 맑은 개울이 아니라면, 버들치가 산다고 해서 물 환경이 좋다고 볼 수 없다.

굴지천, 춘천

버들개

- **크기:** 6~15cm
- **생김새:** 몸은 길고 옆으로 조금 납작하며, 위턱이 아래턱보다 조금 길다. 버들치보다 주둥이가 조금 더 뾰족하고 꼬리자루는 길다.
- **몸 색깔:** 갈색이고 배 쪽은 색이 엷다. 몸 옆면에 작고 짙은 갈색 점이 무척 많이 흩어져 있으며, 몸 옆면 가운데를 가로지르는 희미한 검은색 세로줄이 있다.
- **사는 곳:** 계류나 상류
- **생태:** 순민물고기. 물이 맑고 차가운 계류와 물이 많이 흐르는 냇물에서도 흔하게 산다. 높은 물 온도나 오염을 잘 견딘다. 잡식성으로 무엇이나 잘 먹는다. 4~5월에 알을 낳는다.
- **분포:** 강릉남대천 이북 동해로 흘러드는 냇물에 산다.
- **비슷한 종:** 버들치, 버들가지, 금강모치, 버들피리

- **참고:** 버들개로 알려진 철원과 영월 일대의 집단은 버들피리로 구분한다.

북천, 고성

열목어

- **크기:** 20~50cm
- **생김새:** 몸은 옆으로 조금 납작하며 긴 유선형이다. 위턱과 아래턱 길이가 같고 주둥이는 뭉뚝하다. 위턱 끝이 눈 가운데까지 이른다.
- **몸 색깔:** 등 쪽은 녹색 빛이 도는 갈색이다. 몸 옆면, 머리 꼭대기, 등, 등지느러미에 작고 짙은 갈색 점이 흩어져 있다. 어린 물고기는 몸 옆면에 뚜렷한 가로줄이 여러 개 나타나지만 자라면서 희미해진다.
- **사는 곳:** 계류
- **생태:** 육봉형물고기. 물이 맑고 많으며 차가운 골짜기 계류에 산다. 큰 물고기는 깊은 웅덩이에 주로 머물고 어린 물고기는 주로 여울에 나타난다. 물살이곤충이나 물고기를 먹는다. 겨울이 다가오면 계류 아래쪽 깊은 곳으로 옮겨가고 이듬해 눈과 얼음이 녹으면서 물이 늘면 알을 낳으려고 다시 계류로 올라온다. 4월 말에서 5월 초에 알을 낳는다.

- **분포:** 사는 범위가 매우 좁아서 한강 상류 여러 곳과 낙동강 상류인 경북 봉화에 산다.
- **참고:** 우리나라가 열목어가 사는 남방한계선이라는 생물지리학적 가치와 수가 매우 빠르게 준다는 점을 들어 열목어가 사는 곳인 강원 정선 사북 고한리 정암사 계곡(천연기념물 73호)과 경북 봉화 석포 대현리 백천계곡(천연기념물 74호)을 천연기념물로 지정했으며, 환경부에서는 열목어를 멸종위기야생생물Ⅱ급으로 지정했다.

내린천, 홍천

산천어

- **크기:** 20~25cm
- **생김새:** 몸통은 두껍고 조금 납작한 유선형이다. 주둥이는 뭉뚝하고 위턱과 아래턱 길이가 같으며, 입이 커서 위턱 끝이 눈 뒷가두리를 지난다.
- **몸 색깔:** 등 쪽과 몸 옆면은 엷은 갈색이다. 등 쪽에는 작고 검은 점이 흩어져 있으며, 옆면 가운데에는 크고 짙은 갈색 가로줄이 7~10개 있고, 배 쪽에는 눈동자 크기만 한 짙은 갈색 점이 흩어져 있다.
- **사는 곳:** 계류
- **생태:** 육봉형물고기. 냇물에서 태어난 송어가 바다로 내려가지 않고 남아서 자란 것이 산천어. 물이 맑고 차며 용존산소가 많은 계류에 산다. 주로 물살이곤충이나 작은 물고기를 먹는다. 9~10월에 알을 낳는다.
- **분포:** 동해로 흘러드는 영동 북부 냇물에 산다.
- **참고:** 산천어는 알에서 깨어난 뒤 바다로 옮겨간 송어보다 몸이 뚜렷하게 작고, 어렸을 때 생긴 색과 무늬가 자라서도 변하지 않는다. 그러나 산천어와 송어는 같은 종이므로 서로 간 번식에는 문제가 없다. 그래서 알을 낳으려고 강으로 올라온 송어와 함께 산란행동을 하는 것도 가끔 볼 수 있다. 얼마 전 양식하려고 들여온 산천어와 붉은점산천어 중간형을 전국 여러 계류에 풀어놓았다.

연곡천, 강릉

36

둑중개

- **크기:** 8~14cm
- **생김새:** 몸은 둥근기둥꼴이며, 머리는 위아래로 조금 납작하고, 꼬리자루는 옆으로 납작하다. 머리는 크며 주둥이는 짧고, 입은 넓적하고 크다. 눈은 머리 가운데 줄에서 위쪽과 앞쪽으로 치우쳤다. 비늘은 없다.
- **몸 색깔:** 어두운 누른빛이고, 배 쪽으로 가면서 엷어진다. 몸 옆면에는 넓고 짙으며 불규칙한 갈색 가로줄이 5~6개 있으며, 흰 무늬가 몸 전체에 흩어져 있다. 수컷 배지느러미에는 노란색 바탕에 둥글고 흰 무늬가 여러 줄을 이룬다.
- **사는 곳:** 계류나 최상류
- **생태:** 육봉형물고기. 사가운 계류 불살 빠른 여울 쪽 바위나 큰 돌 밑에 산다. 물살이곤충을 주로 먹는다. 3월 중순에서 4월 중순에 알을 낳으며, 수컷이 알을 돌본다.

- **분포:** 주로 한강수계에 흔하며 강릉, 삼척, 경주에도 산다. 한국고유종이다.
- **비슷한 종:** 한둑중개. 생활사가 바다와 연결되며 물이 차지 않은 냇물 중류부터 그 아래쪽 여울에 산다.

상안천, 횡성

상류

깊은 산골짜기와 숲을 벗어나면 앞이 트이고 가파르던 비탈이 조금 누그러지기는 하지만 여전히 여울과 웅덩이가 되풀이되면서 물이 빠르게 흐른다. 물이 늘면서 냇물 크기가 제법 커진 만큼 깊은 웅덩이가 곳곳에 나타나기도 한다. 냇물 바닥 여기저기에 암반이 있고 큰 돌이 많다. 냇물 가장자리에는 키 작은 나무가 자라고 이어지는 산기슭을 따라 키 큰 나무가 우거진다. 햇볕을 많이 받아 물이 계류만큼 차갑지는 않지만 여전히 맑고 깨끗하며 용존산소가 많다.

상류에 사는 물고기는 계류에 사는 물고기처럼 아주 찬물을 좋아하지는 않는다. 그러나 물이 오염되거나 물 환경이 조금만 바뀌어도 사는 곳을 떠날 만큼 예민하다. 물고기는 물속에서 함께 어울려 살면서 공간과 활동 시간을 효율적으로 잘 나눠 쓴다. 어떤 종은 표층에서, 어느 종은 중간 깊이에서 주로 헤엄치며, 또 어떤 종은 바닥 쪽에서 지낸다. 낮에 주로 활동하는 종이 있는가 하면 낮에는 돌 틈에서 숨어 지내다가 밤이 되면 활발한 종도 있다.

금강, 장수

임천강, 함양

왕피천, 울진

새미

- **크기:** 10~15cm
- **생김새:** 몸은 길고 굵으며, 옆으로 조금 납작하다. 주둥이 끝은 둥글고 입은 작으며, 위턱이 아래로 굽어서 입이 아래쪽을 향한다. 작은 입수염이 1쌍 있으며, 눈이 작다. 알 낳는 시기에 수컷은 주둥이에 혼인돌기(추성, 알 낳는 시기에 혼인색과 함께 몸에 나는 돌기. 수컷에서 뚜렷하며, 주로 머리에 많이 나타나고 지느러미나 몸통에 나타나기도 한다)가 돋아난다.
- **몸 색깔:** 등 쪽은 어두운 회녹색이고, 배 쪽은 연한 황록색이다. 몸 가운데를 따라 넓고 희미한 검은색 세로줄이 있으며, 등지느러미 가운데에는 지느러미살을 가로지르는 검은색 무늬가 있다. 알 낳는 시기가 되면 수컷의 모든 지느러미 앞쪽 가장자리가 붉어지며, 꼬리지느러미는 바깥 가장자리가 붉어진다.
- **사는 곳:** 계류와 상류 사이
- **생태:** 순민물고기. 차가운 상류 여울 바닥에 산다. 주둥이가 아래쪽으로 굽어서 부착조류를 쉽게 갉

아 먹을 수 있다. 숲이 우거진 계류를 벗어나 너비가 넓어지면서 물속에 햇빛이 비쳐 먹이인 부착조류가 잘 자라는 곳에 산다. 5월 무렵에 알을 낳는다.
- **분포:** 한강에 산다. 삼척 오십천에 사는 새미는 냇물쟁탈(지각 활동으로 어느 냇물 일부분이 다른 수계 냇물에 편입되는 현상)에 따른 2차 분포이며 영동 북부 냇물에도 산다.

당곡천, 삼척

참갈겨니

- **크기:** 10~18cm
- **생김새:** 몸은 길고 납작하다. 주둥이는 뭉뚝하고, 위턱과 아래턱 길이가 같다. 입은 크며, 눈은 검고 크다. 옆줄은 완전하며 배 쪽으로 휘었다.
- **몸 색깔:** 등 쪽은 녹색 빛이 도는 갈색이고 가슴과 배 쪽은 엷은 누런색이다. 몸 옆면 가운데에는 엷은 녹색 광택이 나는 세로줄과 희미하고 넓으며 짙은 자주색 세로줄이 있다. 몸 색깔에 따라 각 수계별로 3개 유형으로 나눈다.
- **사는 곳:** 상류, 중상류
- **생태:** 순민물고기. 여울이나 웅덩이 표층과 중간 깊이에서 활발히 헤엄친다. 물살이곤충이나 물에 떨어지는 곤충을 주로 먹는다. 4~5월에 알을 낳는다.
- **분포:** 영동 북부 동해로 흘러드는 냇물을 뺀 전국에 살았지만 요즘에는 영동 북부 많은 냇물에도 옮겨져서 산다. 한국고유종이다.

- **비슷한 종:** 갈겨니. 눈이 작고 홍채 위쪽이 붉으며, 경기도를 뺀 서해와 남해로 흘러드는 냇물 중류부터 그 아래쪽에 주로 산다.
- **참고:** 참갈겨니는 상류 어디에서나 흔히 보인다. 때로 계류 깊숙이까지 거슬러 올라가기도 한다. 물가 풀이나 나무에서 떨어지는 벌레를 먹기도 하는데 그 양이 뜻밖으로 많아서 이런 수풀이 망가지면 참갈겨니도 조금씩 사라진다.

영실천, 인제

대륙종개

- **크기:** 10~16cm
- **생김새:** 몸은 가늘고 길다. 앞뒤 콧구멍이 붙어 있고, 알 낳는 시기 수컷은 머리 옆면 뺨과 아가미덮개 쪽, 가슴지느러미에 혼인돌기가 빽빽이 돋아난다. 눈밑가시가 없다.
- **몸 색깔:** 바탕은 어두운 누른빛이다. 몸 전체에 나타나는 불규칙하고 검은 얼룩은 작고 뚜렷하지 않다.
- **사는 곳:** 상류
- **생태:** 순민물고기. 바닥에서 생활하며 큰 돌과 자갈이 많고 물살이 빠른 여울 돌 밑에 여러 마리가 모여 있을 때가 많다. 주로 물살이곤충을 먹는다. 4~5월에 알을 낳는 것으로 보인다.

- **분포:** 한강수계에 살며, 삼척 마읍천에도 나타난다.
- **비슷한 종:** 종개

율문천, 춘천

종개

- **크기:** 10~20cm
- **생김새:** 몸이 가늘고 길다. 앞뒤 콧구멍이 조금 떨어졌다. 알 낳는 시기에 수컷 혼인돌기는 주로 가슴지느러미에 뚜렷하게 나타나고 머리 쪽에서는 아가미덮개에만 조금 나타난다. 눈밑가시가 없다.
- **몸 색깔:** 바탕은 어두운 누른빛이며, 몸 옆면 얼룩이 대륙종개보다 크고 뚜렷하다.
- **사는 곳:** 상류
- **생태:** 순민물고기. 물 흐름이 빠르고 큰 돌이 많은 여울 돌 밑에 살며 계류에도 나타난다. 물살이 곤충을 주로 먹는다. 4~5월에 알을 낳는 것으로 보인다.

- **분포:** 영동 북부
- **비슷한 종:** 대륙종개

쌍천, 속초

새코미꾸리

- **크기:** 10~16cm
- **생김새:** 몸은 가늘고 둥근기둥꼴이며 꼬리자루는 옆으로 조금 납작하다. 머리는 크고 주둥이는 길다. 눈은 작고 머리 위쪽으로 치우쳤다.
- **몸 색깔:** 어두운 누른빛 바탕에 작고 불규칙한 흑갈색 얼룩이 온몸에 흩어져 있다. 주둥이와 꼬리지느러미 쪽은 주황색이 뚜렷하며 각 지느러미도 옅은 주황색이다.
- **사는 곳:** 상류, 중상류
- **생태:** 물살이 빠르고 돌과 자갈이 많은 곳에 산다. 주로 물살이곤충을 먹으며 밤에 활동한다. 5~6월에 알을 낳는다.
- **분포:** 한강수계에 산다. 삼척 오십천에는 냇물쟁탈로 살게 되었으며, 강릉 남대천에는 옮겨져 들어왔다. 한국고유종이다.
- **비슷한 종:** 얼룩새코미꾸리. 낙동강수계 상류에 사는데 수가 적어 멸종위기야생생물 I급으로 지정되었다. 몸 바탕색이 전체적으로 누렇고 몸 앞쪽에 크고 검은 얼룩이 흩어져 있다.
- **참고:** 미꾸리과는 우리나라에 16종쯤 산다. 미꾸리와 미꾸라지를 빼고는 모두 눈밑가시가 있어서 잡을 때 따끔하게 찔리기도 한다. 수컷은 거의 가슴지느러미에 굳은받침(골질반, 미꾸리과에서 나타나는 특징. 수컷 가슴지느러미 둘째 줄기가 두꺼워지고 그 부위가 부푼 것)이 있으며, 암컷 가슴지느러미보다 큰 이차성징(암수딴몸인 생물에서 생식기가 아닌 곳에서 나타나는 암수 차이)이 나타난다. 또한 크기나 무늬에서 암수 차이가 나타나기도 하고, 알 낳는 시기에는 몸에 있는 얼룩이 변하기도 한다.

가평천, 가평

미유기

- **크기:** 15~25cm
- **생김새:** 몸은 길고, 앞쪽은 둥근기둥꼴이며 뒤쪽으로 가면서 옆으로 매우 납작해진다. 머리 앞쪽은 위아래로 납작하다. 아래턱이 위턱보다 길고, 입수염이 2쌍 있다. 등지느러미는 매우 작아서 길이가 눈 지름보다 1배 반밖에 안 되고 지느러미살은 3개다.
- **몸 색깔:** 전체적으로 짙은 갈색이며 얼룩이 없다. 각 지느러미도 몸 색깔과 비슷한 짙은 갈색이거나 조금 연하다.
- **사는 곳:** 상류, 중상류
- **생태:** 물이 맑고 자갈과 큰 돌이 많은 곳에 살며, 낮에는 큰 돌 밑에서 지내다가 밤에 활동한다. 물살이곤충을 주로 먹는다. 5월 무렵에 알을 낳는다.
- **분포:** 서해와 남해로 흘러드는 냇물, 삼척 오십천까지 퍼져 살고, 영동 북부에는 옮겨져 들어왔다.

한국고유종이다.

- **비슷한 종:** 메기. 중류부터 그 아래쪽 물이 고이고 탁한 진흙 바닥에서 주로 산다. 몸길이가 20cm 안팎인 미유기와 달리 몸집이 매우 커서 50cm가 넘는 것도 흔하게 볼 수 있다. 두 종을 구별해 미유기를 '산메기'나 '깔딱메기'라고도 부른다.

화개천, 하동

껄지

- **크기:** 10~18cm
- **생김새:** 몸은 높은 긴둥근꼴이고, 머리는 크며 주둥이는 뾰족하다. 입은 커서 위턱 끝이 눈 뒤쪽 줄을 지나고, 위턱과 아래턱 길이가 같다. 아가미덮개 뒷가두리에는 가시가 2개 있다. 옆줄은 완전하며 등 쪽으로 휘었다.
- **몸 색깔:** 바탕은 갈색이거나 녹색 빛이 도는 갈색이며, 몸 옆면에 검은 가로줄이 7~8개 있다. 아가미덮개 위쪽 뒷가두리에 청록색 무늬가 있다. 환경과 상황에 따라 몸 색깔 변화가 크다.
- **사는 곳:** 상류, 중상류
- **생태:** 물이 맑고, 큰 돌이나 자갈이 많은 곳에 산다. 밤에 활동하며, 물살이곤충이나 작은 물고기를 먹는다. 5~6월에 알을 낳으며, 수컷이 알과 새끼를 돌본다.

- **분포:** 서해와 남해로 흘러드는 냇물과 동해로 흘러드는 냇물인 왕피천까지 살며, 영동 북부에는 옮겨져 들어왔다. 한국고유종이다.
- **비슷한 종:** 껄저기. 물 흐름이 느린 중류에 주로 살지만 지금은 사는 곳이 매우 좁고 수도 적어서 멸종위기야생생물 II급으로 지정되었다.

낙동강, 봉화

중상류

가파른 여울과 웅덩이, 바위나 큰 돌이 많던 계류와 상류를 지나면, 냇물 바닥에는 크고 작은 돌이 많아지며 물 흐름이 느린 곳에서는 자갈이나 잔자갈이 나타난다. 냇물 너비가 좁은 곳에서는 가파른 여울이 나타날 때도 있지만, 흐름이 느린 자갈 여울이 발달하면서 눈부신 은빛 여울이 생기기도 하고, 물길 양쪽으로 넓게 자갈밭이 펼쳐지며 갯버들이나 달뿌리풀이 우거지기도 한다. 국토 대부분이 산지로 이루어진 우리나라에서 가장 흔히 볼 수 있는 냇물 풍경이며, 한국고유종 대부분이 냇물 중상류에 사는 걸로 보면, 오랫동안 있어 왔던 전형적인 우리나라 냇물 모습이라고도 할 수 있다. 그러나 여러 개발 사업과 댐 건설, 냇물 정비 사업 때문에 지나치게 모양이 바뀌고 망가지는 곳이기도 하다.

중상류는 냇물 바닥이 많이 가파른 급한 여울과 소금 가파른 약한 여울, 여울과 여울 사이에 생기는 얕거나 깊은 웅덩이(소)의 느릿한 물결, 물 흐름에 따른 냇물 바닥 구성물 변화 등 냇물 모습이 여러 가지여서 물 환경이 더욱 복잡하고 다양하다. 중상류에 사는 물고기는 이처럼 다양한 환경에서 자신에게 맞는 터전을 잘게 나눠 살아간다.

신북천, 문경

북천, 고성

옥동천, 영월

쉬리

- **크기:** 10~15cm
- **생김새:** 몸은 조금 납작한 둥근기둥꼴이다. 머리는 길고 주둥이는 뾰족하며 반달꼴인 작은 입은 아래쪽을 향한다.
- **몸 색깔:** 등 쪽은 어두운 녹색이고 배 쪽은 녹황색이다. 등 쪽부터 남색, 보라색, 주황색, 노란색, 은백색 세로줄이 차례로 늘어서며, 주둥이 끝에서 눈을 지나 아가미덮개에 이르는 검은색 줄이 있다. 모든 지느러미에는 지느러미살을 가로지르는 검은색 줄이 1~3개 있다.
- **사는 곳:** 중상류
- **생태:** 순민물고기. 자갈이 깔린 물살 빠른 여울 바닥에 산다. 물살이곤충을 주로 먹는다. 4~5월에 알을 낳는다.
- **분포:** 동해로 흘러드는 냇물을 뺀 전국에 산다.

삼척 오십천에는 냇물쟁탈로 살게 되었으며 강릉 남대천과 연곡천에는 옮겨져 들어왔다. 한국고유종이다.

- **참고:** 몸통 색깔과 지느러미 무늬를 비교해 낙동강과 섬진강 수계에 사는 집단을 참쉬리로 구분한다.

초강, 영동

돌고기

- **크기:** 10~13cm
- **생김새:** 몸은 길고 옆으로 조금 납작하며, 등지느러미 쪽 몸높이가 뚜렷하게 높다. 주둥이는 앞으로 튀어나왔고 위아래로 납작하다. 입은 작으며, 윗입술은 두껍고 양 끝이 부풀었다.
- **몸 색깔:** 등 쪽은 짙은 갈색이다. 몸 옆면 가운데에는 주둥이 끝에서 꼬리지느러미 시작점에 이르는 굵고 검은 띠가 있으며, 어린 물고기는 진하지만 자라면서 희미해진다.
- **사는 곳:** 중상류, 중류, 호수
- **생태:** 주로 큰 돌이 많고 물이 조금 흐르는 중상류에 살며 중류나 호수까지 잘 적응해 산다. 돌 틈에 숨기도 하고 여울에도 나타나며 물살이 느린 깊은 웅덩이에서도 볼 수 있다. 물살이곤충을 주로 먹는다. 5~6월에 알을 낳는다.

- **분포:** 전국에 살며 영동 북부 강릉남대천, 양양남대천에는 옮겨져 들어왔다.
- **비슷한 종:** 감돌고기, 가는돌고기

보부천, 울진

참종개

- **크기:** 8~12cm
- **생김새:** 몸은 가늘고 둥근기둥꼴이며 꼬리자루는 옆으로 조금 납작하다. 수컷 가슴지느러미 2번째 지느러미살은 암컷보다 뚜렷하게 길며, 막대꼴인 굳은받침이 있다.
- **몸 색깔:** 엷은 황갈색 바탕에 몸 옆면 가운데에는 짙은 갈색인 삼각 무늬 12~18개가 머리 뒤쪽부터 꼬리자루까지 나타나며, 그 위쪽으로는 불규칙한 얼룩이 등 쪽과 이어진다.
- **사는 곳:** 중상류
- **생태:** 물이 맑고 자갈과 모래가 섞인 곳에 주로 산다. 물살이곤충이나 부착조류를 먹는 잡식성이다. 6~7월에 알을 낳는다.
- **분포:** 한강, 금강, 만경강, 동진강에 살며, 삼척 오십천과 마읍천에도 산다. 한국고유종이다.

- **비슷한 종:** 왕종개, 동방종개, 남방종개. 참종개는 몸 옆면에 있는 세모 무늬 색깔이 모두 같은데 왕종개는 앞 1~2번째, 특히 1번째 색이 매우 진하다. 4종 모두 분포 지역이 달라 구별 가능하다.

정자천, 진안

수수미꾸리

- **크기:** 10~14cm
- **생김새:** 다른 미꾸리과 종보다 가늘고 길다. 옆줄은 불완전하고, 등지느러미는 몸통 가운데에서 뒤쪽에 있다. 수컷 가슴지느러미에 굳은받침이 없다.
- **몸 색깔:** 옅은 누런색 바탕에 몸통에는 굵고 검은 줄 15~20개가 등 쪽에서 배 쪽으로 뚜렷하게 이어지며 등지느러미와 꼬리지느러미에도 검은 줄이 2~3개 있다.
- **사는 곳:** 상류, 중상류
- **생태:** 순민물고기. 물 흐름이 빠르고 바닥에 자갈이 깔린 곳에 주로 산다. 물살이곤충이나 부착조류를 먹는다.
- **분포:** 낙동강수계에 살며, 한국고유종이다.

회천, 고령

눈동자개

- **크기:** 15~20cm
- **생김새:** 몸이 길다. 머리는 위아래로 납작하고, 몸통 앞쪽은 둥근기둥꼴이다. 몸통 뒤쪽은 가늘고 길며 옆으로 납작하다. 수염 4쌍 가운데 가장 긴 수염은 가슴지느러미 시작점에 이른다. 가슴지느러미 가시 안팎에 톱니가 있다.
- **몸 색깔:** 적갈색이며, 배 쪽은 색이 연하다. 몸통에 뚜렷한 얼룩은 없으나 조금 진한 부분이 있다.
- **사는 곳:** 중상류
- **생태:** 물이 맑고 깨끗하며 돌이 많은 여울 바닥에 산다. 물살이곤충을 주로 먹는다. 5~6월에 알을 낳는 것으로 여겨진다.
- **분포:** 한강, 안성천, 금강, 영산강, 섬진강 같은 서해와 남해로 흘러드는 냇물에 살며, 낙동강에는 옮겨져 들어왔다. 한국고유종이다.
- **비슷한 종:** 대농갱이

섬진강, 임실

퉁가리

- **크기:** 8~12cm
- **생김새:** 몸은 길고 몸통은 둥글다. 머리는 위아래로 납작하고 몸 뒤쪽은 옆으로 납작하다. 눈은 매우 작고 머리 위쪽으로 치우쳤다. 위턱과 아래턱 길이가 같다. 가슴지느러미 가시 안쪽에 톱니가 1~3개 있다.
- **몸 색깔:** 적갈색이다. 각 지느러미 바깥 가장자리를 따라 엷은 누런색 줄이 나타나고 그 안쪽으로 검은 색소가 많아서 어두우며 등지느러미, 뒷지느러미, 꼬리지느러미에는 검은색이 뚜렷하다.
- **사는 곳:** 상류, 중상류
- **생태:** 물이 맑고 큰 돌과 자갈이 많은 여울에 산다. 밤에 활동하며, 물살이곤충을 주로 먹는다. 5~6월에 알을 낳는다.
- **분포:** 한강, 안성천, 무한천, 삽교천 등에 살며, 영동 북부 및 낙동강 상류에는 옮겨져 들어왔다. 한국고유종이다.
- **비슷한 종:** 퉁사리, 자가사리, 섬진자가사리, 동방자가사리

- **참고:** 우리나라 퉁가리류에는 퉁가리, 퉁사리, 자가사리, 섬진자가사리, 동방자가사리 5종이 있으며, 상류나 중상류 여울 돌 밑에서 살아간다. 퉁사리는 물 흐름이 조금 느리고 깊은 곳에 살며, 자가사리는 물이 아주 적은 상류에 나타나기도 한다. 밤에 활동하며, 눈이 매우 작고 시력이 거의 없지만 수염으로 물살이곤충을 찾아 잡아먹는다. 가슴지느러미에 독가시가 있어 맨손으로 만지다 찔리면 엄청나게 아프다.

마거천, 연천

자가사리

- **크기:** 8~12cm
- **생김새:** 몸은 길고 몸통은 둥글다. 머리는 위아래로 납작하고, 몸통 뒤쪽은 옆으로 납작하다. 눈은 작고 머리 위쪽으로 치우쳤다. 위턱이 아래턱보다 길어 입이 아래를 향한다. 가슴지느러미 가시 안쪽에 톱니가 4~6개 있다.
- **몸 색깔:** 적갈색이거나 갈색이다. 각 지느러미 바깥 가장자리를 따라 엷은 누런색 띠가 나타나고 등지느러미, 뒷지느러미, 꼬리지느러미 안쪽으로는 검은 색소가 몰려 있어 검게 보인다.
- **사는 곳:** 상류, 중상류
- **생태:** 물이 맑고 큰 돌과 자갈이 많은 여울에 산다. 밤에 활발하고 물살이곤충을 주로 먹는다. 5~6월에 알을 낳는다.
- **분포:** 낙동강수계, 금강수계, 만경강수계에 살고, 양양남대천에는 옮겨져 들어왔다. 한국고유종이다.
- **비슷한 종:** 퉁가리, 퉁사리, 섬진자가사리, 동방자가사리

남강, 산청

동사리

- **크기:** 8~16cm
- **생김새:** 몸통은 굵고 위아래로 조금 납작한 긴둥근꼴이며, 꼬리자루로 가면서 가늘어진다. 머리는 크고 위아래로 납작하며, 눈은 작고 머리 위쪽에 있다. 입은 크고 아래턱이 위턱보다 길다.
- **몸 색깔:** 어두운 회색이거나 회흑색이다. 제1등지느러미와 제2등지느러미 사이, 제2등지느러미 뒤쪽, 꼬리자루 끝부분에 커다란 검은색 가로줄이 3개 있다. 몸 전체에는 작고 검은 얼룩이 흩어져 있다.
- **사는 곳:** 상류, 중상류
- **생태:** 돌이 많고 물 흐름이 조금 느린 곳 돌 밑에 숨어 지내면서 물살이곤충, 어린 물고기를 잡아먹는다. 5~6월에 알을 낳고 수컷이 보살핀다.

- **분포:** 영동 북부 동해로 흘러드는 냇물을 빼고 전국에 산다. 한국고유종이다.
- **비슷한 종:** 얼룩동사리, 남방동사리

낙동강, 봉화

얼룩동사리

- **크기:** 8~18cm
- **생김새:** 몸통 가운데가 굵은 둥근기둥꼴이고, 뒤쪽은 가늘다. 머리는 위아래로 조금 납작하지만 동사리보다 두껍다. 주둥이 끝은 넓고 둥글며, 입은 크고 아래턱이 위턱보다 길다.
- **몸 색깔:** 어두운 회색이거나 회흑색이며, 몸 옆면에 크고 검은 가로줄이 3개 있고, 1번째 무늬는 제1등지느러미를 가로지른다. 가로줄은 몸 옆면에서 끊어지거나 얼룩을 이룬다. 몸 전체에 작고 불규칙한 검은색 얼룩이 흩어져 있다.
- **사는 곳:** 중상류, 중류, 중하류, 하류
- **생태:** 물 흐름이 느리고 물풀이나 큰 돌이 있는 곳에 살며, 물살이곤충이나 어린 물고기를 먹는다. 5~6월에 알을 낳고 수컷이 보살핀다.

- **분포:** 서해로 흘러드는 냇물에 살며, 낙동강, 섬진강 등 여러 곳에 옮겨져 들어왔다. 한국고유종이다.
- **비슷한 종:** 동사리, 남방동사리. 몸높이와 뚱뚱한 정도, 몸에 나타나는 얼룩으로 3종을 구분한다.

금강, 금산

중류

중산간 지대를 지나 조금 고른 땅을 흐르는 중류는 여러 물줄기가 합쳐지면서 커지고 물은 조금 탁해진다. 한 사행구간에서 한 번쯤 나타나는 완만한 여울에는 잔물결이 일고 바닥에는 자갈이나 잔자갈, 모래가 깔린다. 여울을 빼면 물 흐름이 느려 냇물 가장자리의 움푹한 곳(만입부)에는 물풀이 자라기도 하고 물가를 따라 습지식물이 우거지기도 한다. 장마나 태풍으로 홍수터(범람원)가 생겨서 자갈이나 모래로 이루어진 땅이 넓게 펼쳐진다. 중류부터 아래쪽은 홍수를 막고자 제방을 설치한 곳이 많아서 자연적인 냇물 모습을 거의 찾아보기 어렵다. 주거지와 농경지, 축사, 산업시설에서 각종 오폐수가 흘러들어 수질이 매우 빠르게 나빠지기도 한다.

여울이 차츰 줄어들고 물 흐름이 느려지면서 여울을 좋아하는 물고기가 줄어들고, 여울이나 고인 곳을 가리지 않거나 물 흐름이 느린 곳을 좋아하는 물고기가 늘어난다. 물 환경 변화나 수질에 민감한 종보다는 그에 잘 견디는 종, 육식성보다는 잡식성 종이 늘어난다.

미호천, 청주

남한강, 단양

웅천천, 보령

피라미

- **크기:** 10~16cm
- **생김새:** 몸은 길고 납작하다. 눈은 머리 가운데에서 조금 위쪽으로 치우쳤으며, 위턱과 아래턱 길이가 같다. 수컷 뒷지느러미가 매우 크다.
- **몸 색깔:** 등 쪽은 녹색 빛 도는 회색이고, 배 쪽은 은백색이며, 수컷 몸 옆면에는 옅은 청록색 가로줄이 10~13개 있다.
- **사는 곳:** 중상류, 중류, 호수

- **생태:** 순민물고기. 우리나라에서 가장 흔히 볼 수 있는 물고기로 거의 모든 냇물에 산다. 수질 오염이나 환경 변화를 잘 견딘다. 주로 부착조류나 물살이곤충을 먹는다. 5~6월 흐름이 느린 여울에서 무리 지어 알을 낳는다.
- **분포:** 전국 냇물에 살며, 영동 북부에는 옮겨져 들어왔다.
- **비슷한 종:** 어린 끄리. 피라미와 입 생김새로 구별할 수 있다.

알 낳기

유등천, 대전

수컷

끄리

- **크기:** 20~30cm
- **생김새:** 몸은 길고 납작한 유선형이며, 머리가 매우 크다. 입이 크고 위턱과 아래턱은 요철(凹凸)처럼 맞물린다. 혼인돌기는 위턱과 아래턱, 뺨, 꼬리자루, 뒷지느러미에 나타난다.
- **몸 색깔:** 등 쪽은 청갈색이고 배 쪽은 은백색이다. 수컷 혼인색은 등이 청자색, 아래턱부터 배 쪽은 주황색이고, 뺨과 아가미덮개, 모든 지느러미는 연한 분홍색으로 변한다.
- **사는 곳:** 큰 냇물 중류부터 하류, 호수
- **생태:** 순민물고기. 정수역 수면 근처에서 빠르게 헤엄친다. 물살이곤충, 갑각류, 물고기를 잡아먹는다. 5~6월에 알을 낳는다.

- **분포:** 동해로 흘러드는 냇물을 빼고 거의 모든 수계에 산다. 낙동강에는 요즘에 옮겨져 들어왔다.
- **비슷한 종:** 피라미

청평호, 가평

참마자

- **크기:** 14~16cm
- **생김새:** 몸은 길고 옆으로 조금 납작하며 몸통은 둥근기둥꼴에 가깝다. 머리는 크고 주둥이는 길고 뾰족하며 위턱이 아래턱보다 길어서 입이 주둥이 아래쪽에 있다. 눈이 크다.
- **몸 색깔:** 등 쪽은 갈색이고 배 쪽은 은백색이며, 몸 옆면에 검은 점 7~9개가 세로로 늘어선다. 몸 전체에 검은 점이 퍼져 있으며, 등지느러미와 꼬리지느러미에도 작고 검은 점이 흩어져 있다.
- **사는 곳:** 중상류, 중류
- **생태:** 순민물고기. 모래나 자갈이 깔린 맑은 곳에 살며, 중간 깊이나 바닥 쪽에서 지낸다. 물속 동물이나 부착조류를 먹는다. 5~6월에 알을 낳는다.

- **분포:** 서해와 남해로 흘러드는 냇물에 산다.
- **비슷한 종:** 어린 누치, 어름치. 참마자와 생김새나 무늬가 비슷해서 헷갈리기 쉽다.

낙동강, 상주

모래무지

- **크기:** 10~18cm
- **생김새:** 몸은 길고 둥근기둥꼴이며, 뒤쪽으로 갈수록 가늘어진다. 머리는 크고 길며, 주둥이는 튀어나왔다. 입은 주둥이 아래쪽에 있고 반달꼴이다. 위아래 입술은 돌기로 덮여 있으며 입수염이 1쌍 있다.
- **몸 색깔:** 등 쪽은 갈색이고 배 쪽은 은백색이다. 몸 옆면에는 어두운 얼룩 6~7개가 세로로 늘어서며, 몸 전체에 작고 검은 얼룩이 흩어져 있다. 뒷지느러미를 뺀 모든 지느러미에도 작은 점으로 이루어진 줄이 있다.
- **사는 곳:** 중류, 중하류, 하류, 호수
- **생태:** 순민물고기. 물 흐름이 느린 모래 바닥에 주로 산다. 모래를 빨아들여 작은 물속 동물을 걸러 먹는다. 모래 속에 잘 숨는다. 5~6월에 알을 낳는다.
- **분포:** 서해와 남해로 흘러드는 냇물에 널리 산다.

내성천, 예천

돌마자

- **크기:** 5~9cm
- **생김새:** 몸은 길고 몸통은 둥근기둥꼴이며, 꼬리자루는 옆으로 납작하다. 주둥이는 짧고 입은 반달꼴이며, 위아래 입술에는 돌기가 있다. 배 쪽에는 비늘이 없다.
- **몸 색깔:** 등 쪽은 짙은 갈색이다. 몸 옆면에는 작고 검은 점이 퍼져 있으며, 가운데에 어둡고 희미한 세로줄이 있고, 크고 검은 얼룩 7~9개가 늘어선다. 옆줄을 따라 점으로 이어진 검은 줄이 2개 있다. 등지느러미와 꼬리지느러미에는 작은 점으로 이어진 줄이 3~4개 있다. 알 낳는 시기가 되면 수컷은 몸 전체가 검어진다.
- **사는 곳:** 중류
- **생태:** 순민물고기. 모래와 잔자갈이 깔려 있고 흐름이 느린 여울 바닥에 주로 산다. 부착조류를 주로 먹는다. 5~7월에 알을 낳는다.
- **분포:** 동해로 흘러드는 냇물을 뺀 모든 냇물에 산다. 한국고유종이다.
- **비슷한 종:** 여울마자, 왜매치, 어린 배가사리. 여울마자는 몸 옆면에 황록색 줄이 있다. 돌마자는 입술에 돌기가 있으나 왜매치는 없고, 왜매치는 중하류 모래진흙 바닥에 주로 나타난다. 돌마자는 배에 비늘이 없으나 배가사리는 비늘이 있고, 돌마자는 등지느러미 앞쪽 가장자리가 곧지만 배가사리는 둥글다.

양천, 산청

중고기

- **크기:** 10~12cm
- **생김새:** 몸은 길고 옆으로 조금 납작하다. 주둥이 끝은 둔하고 둥글며, 위턱이 아래턱보다 길다. 입은 작다.
- **몸 색깔:** 몸 옆면에 불규칙한 검은색 얼룩이 퍼져 있고, 가운데를 따라 폭이 넓고 희미한 검은색 세로줄이 있다. 등지느러미 아래쪽과 바깥 가장자리에 검은 무늬가 있으며, 꼬리지느러미 위아래 바깥쪽으로도 검은 얼룩이 길게 나타난다.
- **사는 곳:** 중류, 중하류, 댐호 등
- **생태:** 순민물고기. 물 흐름이 느린 곳 바닥에서 지내며, 물살이곤충, 갑각류, 실지렁이를 먹는다. 5~6월에 알을 낳는다.
- **분포:** 서해와 남해로 흘러드는 냇물에 산다. 한국 고유종이다.
- **비슷한 종:** 참중고기. 등지느러미 가운데에 검은 얼룩이 1개 있으며 꼬리지느러미에는 얼룩이 없다.
- **참고:** 알 낳는 시기가 되면 암컷은 산란관이 길어진다. 조개 입수공(물을 빨아들이는 관)을 통해 알을 낳으므로 알은 조개 체강(동물 몸속에서 빈 곳)에 머물면서 자란다. 천적에게서 알과 어린 새끼를 보호하려는 생식전략이다.

임진강, 연천

점줄종개

- **크기:** 7~8cm
- **생김새:** 몸은 가늘고 길며 몸통은 둥근꼴이다. 수컷이 암컷보다 작으며, 가슴지느러미는 뾰족하지 않고 둥글납작한 굳은받침이 있다. 꼬리자루가 높다.
- **몸 색깔:** 바탕은 엷은 누런색이고 몸 옆면에는 네모 또는 길쭉하게 둥근 무늬 10~18개가 늘어선다. 알 낳는 시기에 수컷은 이 무늬가 이어져 줄이 된다. 크기와 무늬에서 암수 차이가 매우 뚜렷하다.
- **사는 곳:** 중류, 중하류
- **생태:** 물 흐름이 느린 냇물 모래 바닥에 주로 산다. 잡식성이지만 주로 물살이곤충을 먹으며, 5~6월에 알을 낳는 것으로 보인다.

- **분포:** 낙동강수계와 영동을 뺀 서해와 남해로 흘러드는 냇물에 산다.
- **비슷한 종:** 기름종개, 줄종개

복하천, 여주

수컷

암컷

은어

- **크기**: 15~25cm
- **생김새**: 몸은 길며 옆으로 납작하고, 입은 커서 턱 끝이 눈 뒤쪽에 이른다. 위턱 앞쪽에는 돌기가 있고, 아래턱에도 작은 돌기가 1쌍 있다.
- **몸 색깔**: 등 쪽은 어두운 녹색이며 배는 은백색이고 지느러미는 색이 엷다.

- **사는 곳**: 중상류부터 하류
- **생태**: 양측회유성물고기. 냇물에서 태어나고 연안에서 겨울을 난 6~8cm짜리 어린 물고기가 3~5월에 냇물로 올라온다. 연안에서는 동물성 먹이를 먹지만 강으로 올라오면서부터는 돌에 붙은 조류를 주로 먹으며, 냇물 중상류까지 올라가면서 자란다. 9~10월에 하류 여울로 내려와 알을 낳는다. 알을 낳은 암컷은 거의 모두 죽지만 그 해에 알을 낳지 못한 암컷은 2년을 살기도 한다.
- **분포**: 바다로 흘러드는 거의 모든 냇물에 나타난다. 요즘에는 풀어놓은 것들이 댐호와 냇물을 오가며 육봉화되기도 한다.

먹은 흔적

양양남대천, 양양

쏘가리

- **크기:** 20~50cm
- **생김새:** 몸통과 머리는 길고 납작하며, 주둥이는 뾰족하다. 아래턱이 위턱보다 길며, 위턱 끝은 눈 가운데 줄에 이른다. 아가미덮개에 날카로운 가시가 있다.
- **몸 색깔:** 어두운 누른빛 바탕에 불규칙하고 둥글며 짙은 갈색 무늬가 몸 전체에 흩어져 있으며, 이 무늬는 배 쪽으로 가면서 조금 엷어진다. 가슴지느러미를 뺀 모든 지느러미에도 짙은 갈색 무늬가 흩어져 있다.
- **사는 곳:** 큰 강 중류, 호수

- **생태:** 순민물고기. 암반이나 큰 바위가 많은 곳 또는 큰 댐호에서도 산다. 주로 밤에 활동한다. 보통 물고기를 먹으며 어린 것들은 물살이곤충을 흔히 잡아먹는다. 5~6월 밤에 자갈이 깔린 여울에서 알을 낳는다.
- **분포:** 서해와 남해로 흘러드는 냇물에 산다.
- **참고:** 황쏘가리는 쏘가리와 같은 종이지만 유전적 이유로 검은 색소가 퇴화한 것이다. 물론 같은 종이므로 서로 간에 생식이 가능하다. 황쏘가리가 사는 한강 일원과 화천 북한강 상류는 각각 천연기념물 190호와 532호로 지정되었다.

황쏘가리

충주호, 제천

밀어

- **크기:** 5~7cm
- **생김새:** 몸은 둥근기둥꼴이고 꼬리자루는 옆으로 조금 납작하다. 주둥이 끝은 둥글며, 입은 크고 위턱과 아래턱 길이는 같다. 배지느러미가 둥근 빨판처럼 생겼다. 암수 차이가 뚜렷해 수컷이 암컷보다 머리가 크고, 보통 제1등지느러미살이 길게 늘어난다.
- **몸 색깔:** 갈색 바탕에 크고 짙은 갈색 얼룩 7~8개가 몸 옆면에 있으나 변화가 크다. 위턱 가운데에서 시작해 양 눈앞에 이르는 붉은색 V자 무늬가 뚜렷하다.
- **사는 곳:** 중류에서 하류
- **생태:** 육봉형물고기, 양측회유성물고기. 자갈이 깔린 여울 바닥에서 주로 지낸다. 물속 동물을 주로 먹는다. 5~6월에 수컷이 돌 밑에 알 낳을 터를 만들면 암컷이 알을 낳고 수컷이 보살핀다.
- **분포:** 모든 냇물에 산다.
- **비슷한 종:** 갈문망둑

덕두원천, 춘천

민물검정망둑

- **크기:** 6~12cm
- **생김새:** 몸통은 굵고 앞쪽은 둥근기둥꼴, 뒤쪽은 옆으로 조금 납작하다. 머리는 크고 주둥이는 짧고 뭉툭하며, 위턱과 아래턱 길이는 같다. 수컷 제1등지느러미살은 암컷보다 뚜렷하게 길다.
- **몸 색깔:** 머리부터 몸통 앞쪽에는 불규칙한 짙은 갈색 무늬가 나타난다. 몸 색깔이 연해지면 뒤쪽에 줄이 4~6개 나타나기도 한다. 뺨과 아가미덮개에는 작고 둥글며 엷고 푸른 점이 흩어져 있다. 가슴지느러미 시작점에는 연한 갈색과 밝고 뚜렷한 누런색 줄이 있으며, 등지느러미에는 연한 갈색 띠가 2~4개 나타난다.
- **사는 곳:** 중류에서 하류, 호수
- **생태:** 순민물고기. 돌이 많은 곳 가파르지 않은 여울에 산다. 큰 댐호로 흘러드는 냇물에 많은 수가 모여 살며 호수에도 나타난다. 잡식성이지만 물속 동물을 주로 먹는다. 5~6월에 알을 낳는다.
- **분포:** 전국에 산다.
- **비슷한 종:** 검정망둑, 두줄망둑. 기수나 바다에 살며 민물에는 나타나지 않는다.

광천, 제천

중하류, 하류, 호수, 연못

중하류와 하류는 넓고 물이 많다. 깊고 기울기가 거의 없어 물 흐름이 느리며, 여울에서도 물결이 일지 않는다. 호수나 늪, 소택지, 농수로는 대표적인 정수성 물 환경이다. 이런 곳은 보통 물이 탁하고, 바닥은 대부분 모래나 진흙이다. 조금 얕은 곳에는 침수식물이 자라고 부엽식물이나 정수식물이 많으며, 물가에도 역시 습지식물이 산다.

하류나 호수, 연못처럼 물 흐름이 느리거나 멈춘 곳에는 빠르게 헤엄치는 종보다는 조금 천천히 헤엄치는 종이 많다. 작은 초식성과 잡식성 물고기부터 큰 육식성 물고기까지 살며, 대부분 물 환경 변화나 수질 오염에 잘 견딘다. 한편 물웅덩이나 농수로 같은 작은 정수환경에는 미꾸리, 대륙송사리, 왜몰개, 버들붕어, 참붕어 같은 작은 물고기가 산다.

중하류, 낙동강, 밀양

하류, 섬진강, 하동

호수, 대청호, 청주

연못, 동해

붕어

- **크기:** 10~30cm
- **생김새:** 몸이 높고 긴둥근꼴이다. 입은 작고 조금 위를 향하며, 입가에 수염이 없다. 눈은 입 가운데 줄보다 조금 위쪽에 있다.
- **몸 색깔:** 사는 곳에 따라 변화가 심하다. 보통 녹회색이거나 황회색이며 배 쪽 색이 더욱 연하다. 모든 지느러미에 얼룩이 없다.
- **사는 곳:** 중하류, 하류, 댐호, 저수지, 늪, 소택지, 농수로
- **생태:** 순민물고기. 물이 거의 흐르지 않는 곳에 살며, 환경 변화와 오염을 매우 잘 견딘다. 물풀이 많은 진흙 바닥을 좋아하며 바닥 쪽에서 작게 떼를 지어 먹이를 찾는다. 동물질, 식물질, 유기물 등 가리지 않고 먹는다. 4~7월에 알을 낳는다.

- **분포:** 전국에 살며, 저수지, 댐호 같은 여러 곳에 풀어놓았다.
- **비슷한 종:** 떡붕어. 일본 원산으로 호수나 저수지에 풀어놓으면서 살게 되었고, 중간 깊이와 표층에서 헤엄치며 주로 식물플랑크톤을 먹는다. 붕어보다 빨리 자라고 더 크다.

초평저수지, 진천

73

잉어

- **크기:** 20~60cm
- **생김새:** 몸은 길고 옆으로 납작하지만 두꺼운 편이다. 주둥이는 둥글고 입은 아래쪽을 향하며, 입수염이 2쌍 있다. 비늘은 크다.
- **몸 색깔:** 회녹색 또는 회갈색으로 등 쪽은 진하고 배 쪽은 연하다. 각 지느러미는 색이 어두우며, 뒷지느러미 가장자리와 꼬리지느러미 아래쪽은 붉은색이 뚜렷하다.
- **사는 곳:** 중하류, 하류, 저수지, 댐호 등
- **생태:** 순민물고기. 물 흐름이 거의 없고 물이 많으며 깊은 곳에 주로 산다. 입으로 바닥 진흙을 파헤치거나 빨아들이면서 먹이를 걸러 먹고, 물풀, 연체동물, 물살이곤충, 작은 물고기, 흙속 유기물 등을 먹는다. 5~6월에 알을 낳는다.

- **분포:** 전국에 산다.
- **비슷한 종:** 이스라엘잉어, 비단잉어. 잉어와 같은 종이며 양식 및 관상용으로 개발했다.

탄천, 서울

참붕어

- **크기:** 5~8cm
- **생김새:** 몸은 길고 옆으로 조금 납작하다. 주둥이는 앞으로 튀어나왔고 아래턱이 위턱보다 조금 길며, 입은 작고 곧으며 위를 향한다. 알 낳는 시기 수컷은 머리에 혼인돌기가 돋아난다.
- **몸 색깔:** 등 쪽이 회록색이다. 어린 물고기는 몸 옆면 가운데에 검은색 세로줄이 뚜렷하나 자라면서 희미해진다. 알 낳는 시기 수컷은 몸 전체가 검어지고 암컷은 밝은 녹황색을 띤다.
- **사는 곳:** 소택지, 물웅덩이, 농수로 등
- **생태:** 순민물고기. 큰 강보다 물풀이 많고 자그마한 정수 환경에 살며, 오염을 잘 견딘다. 수컷이 입깃보다 크고 수면이나 중간 깊이에서 작게 떼지어 산다. 물살이곤충, 식물질 등을 먹는다. 5~6월에 돌 표면을 깨끗하게 정리한 뒤 알을 낳고, 수컷이 알을 돌본다.
- **분포:** 전국 민물에 산다.

마산천, 김제

수컷

암컷

누치

- **크기:** 20~50cm
- **생김새:** 몸이 길고 옆으로 조금 납작하지만 몸통은 둥근기둥꼴에 가깝다. 머리는 크고, 큰 눈이 위쪽으로 치우쳤다. 주둥이는 뾰족하며 위턱이 아래턱보다 길고 큰 입이 아래쪽을 향하며 입술이 두껍다. 입 주변에 수염이 1쌍 있다.
- **몸 색깔:** 등 쪽은 연한 갈색이고 배 쪽은 은백색이다. 어린 물고기는 몸 옆면 가운데에 희미한 점 7~10개가 세로로 늘어서지만 자라면서 사라진다.
- **사는 곳:** 큰 강 중류에서 하류, 호수 등
- **생태:** 순민물고기. 물이 많고 깊은 곳에 살며 주로 바닥 쪽에서 물속 동물이나 부착조류를 먹는다. 5월 무렵에 여울에서 작게 무리 지어 알을 낳는다.

- **분포:** 서해와 남해로 흘러드는 강에 산다.
- **비슷한 종:** 참마자. 어린 누치는 몸 옆면에 얼룩이 있어서 참마자와 비슷해 보이지만 참마자와 달리 지느러미에 작은 점이 없다.

남한강, 여주

긴몰개

- **크기:** 7~8cm
- **생김새:** 몸은 길고 옆으로 조금 납작하다. 눈은 크고, 위턱이 아래턱보다 조금 길며, 입수염 길이가 눈 지름과 비슷하다. 옆줄은 완전하며 거의 곧다.
- **몸 색깔:** 등 쪽은 엷은 녹색이며, 배 쪽은 광택이 나는 은백색이다. 옆줄을 따라 희미하고 폭넓은 검은색 세로줄이 나타난다. 머리와 등 쪽에는 불규칙하고 작으며 검은 점이 퍼져 있으며, 각 지느러미에는 점이나 다른 무늬가 없다.
- **사는 곳:** 중류에서 하류, 호수, 저수지 등
- **생태:** 순민물고기. 물 흐름이 느리고 물풀이 많은 곳에 주로 살며 중상류에서 보이기도 한다. 작게 무리 지어 중간 깊이니 표층에서 헤엄치며, 물살이곤충 같은 작은 동물을 잡아먹는다. 5~6월에 알을 낳는다.
- **분포:** 서해와 남해로 흘러드는 냇물에 살며, 한국 고유종이다.
- **비슷한 종:** 몰개, 참몰개, 점몰개

김화남대천, 김화

왜몰개

- **크기:** 4~5cm
- **생김새:** 작고 조금 납작하며 몸이 높다. 주둥이는 짧고, 입은 크며 비스듬히 위쪽을 향한다. 아래턱이 위턱보다 조금 길다. 옆줄은 불완전해서 4~9번째 비늘에서 끝난다. 배지느러미 시작점에서 총배설강(소화관 끝부분으로 배설 및 생식물질이 함께 배출되는 곳) 앞까지 배 가운데를 따라 칼날돌기(융기연)가 이어진다. 암컷이 수컷보다 크다.
- **몸 색깔:** 등 쪽은 녹회색이다. 몸 옆면 가운데에는 폭이 넓고 희미한 검은색 세로줄이 꼬리자루 끝까지 이어진다. 알 낳는 시기 수컷은 검은색 줄이 뚜렷해진다.
- **사는 곳:** 소택지, 물웅덩이, 농수로 등
- **생태:** 순민물고기. 물 흐름이 거의 없고, 물풀이 많은 곳 표층에서 떼 지어 산다. 잡식성이지만 물속 동물 또는 물에 떨어지는 곤충을 주로 먹는다. 6월에 알을 낳는다.
- **분포:** 서해와 남해로 흘러드는 냇물에 산다.

발안천 작은 지류, 화성

강준치

- **크기:** 30~60cm
- **생김새:** 몸은 크며 길고 매우 납작하다. 머리는 작고 입은 비스듬히 위쪽을 향하며 아래턱이 튀어나왔다. 옆줄은 완전하고 배 쪽으로 휘었다. 배지느러미와 총배설강 사이에 칼날돌기가 나타나며, 뒷지느러미 갈라진 줄기(분지연조)는 21~24개다.
- **몸 색깔:** 등 쪽은 회록색이고 나머지는 광택이 나는 은백색이다. 5cm보다 작은 어린 물고기는 반투명하다.

- **사는 곳:** 큰 강 하류나 댐호
- **생태:** 순민물고기. 물이 많고 흐름이 거의 없는 곳에 산다. 물에 떨어지는 곤충, 물살이곤충, 갑각류, 물고기를 주로 먹는다. 5~7월에 알을 낳는다.
- **분포:** 한강, 금강에 살며, 낙동강에는 옮겨져 들어왔다.
- **비슷한 종:** 백조어. 칼날돌기가 가슴지느러미와 배지느러미 사이에 나타나며, 뒷지느러미 갈라진 줄기가 26~29개로 강준치와 구별된다.

어린 물고기

청평호, 가평

79

미꾸리

- **크기:** 10~18cm
- **생김새:** 몸은 가늘고 둥근기둥꼴이며, 꼬리자루는 옆으로 조금 납작하다. 입은 주둥이 아래쪽에 있으며 말굽꼴이다. 입수염은 3쌍이며 가장 긴 입수염이 눈 지름의 2.5배보다 짧다. 옆줄은 불완전하다.
- **몸 색깔:** 사는 곳에 따라 변이가 심하다. 보통 등쪽은 진한 녹색 빛이 도는 갈색이고 배 쪽은 엷은 누런색이다. 몸 옆면에 불규칙하고 어두운 점과 작고 검은 점이 흩어져 있다. 등지느러미와 꼬리지느러미에는 작고 검은 점으로 이어진 줄이 있다.
- **사는 곳:** 소택지, 물웅덩이, 농수로 등
- **생태:** 순민물고기. 물 흐름이 거의 없고 진흙 바닥인 곳에 산다. 수질 오염을 잘 견디며, 아가미 호흡과 함께 장호흡을 하므로 용존산소가 부족해도 잘 견딘다. 동물질이나 식물질을 모두 먹는다. 5~7월에 알을 낳는다.
- **분포:** 전국 냇물에 산다.
- **비슷한 종:** 미꾸라지. 미꾸리보다 수염이 훨씬 길고 꼬리자루에 칼날돌기가 발달한다.

개화천, 김포

동자개

- **크기:** 15~20cm
- **생김새:** 등지느러미 시작점 부근이 가장 높다. 주둥이는 넓고 납작하며, 위턱이 아래턱보다 길어 입이 아래를 향한다. 입수염이 4쌍 있다. 가슴지느러미 가시에는 안팎으로 톱니가 있다. 비늘은 없으며, 옆줄은 곧다. 꼬리지느러미 가운데가 깊게 파였다.
- **몸 색깔:** 노란색 바탕에 머리부터 꼬리자루까지 폭이 넓고 긴 검은색 무늬가 4개쯤 있다. 모든 지느러미 일부분에는 희미한 검은색 무늬가 있다.
- **사는 곳:** 중하류, 하류, 호수
- **생태:** 순민물고기. 물 흐름이 느린 곳, 물풀이 많고 바닥에 모래나 진흙이 깔린 곳을 좋아한다. 밤에 활동하며 작은 물고기, 새우, 물살이곤충 같은 물속 동물을 잡아먹는다. 5~6월에 알을 낳으며 수컷이 알과 새끼를 돌본다. 가슴뼈를 비벼 소리를 낸다.
- **분포:** 서해와 남해로 흘러드는 냇물에 살며, 낙동강에는 옮겨져 들어왔다.

횡성호, 횡성

메기

- **크기:** 25~50cm
- **생김새:** 몸은 길고 등지느러미가 있는 부분은 둥 근기둥꼴이며, 뒤쪽으로 갈수록 옆으로 납작해진 다. 머리는 크고, 주둥이는 위아래로 납작하다. 아 래턱이 위턱보다 길고, 입 주위에 수염이 2쌍 있 으며, 눈은 작다. 등지느러미 지느러미살은 4~5 개이며 눈 지름보다 3~4배 길다.
- **몸 색깔:** 흑갈색 또는 어두운 회색이고 때에 따 라 얼룩이 몸 전체에 나타나기도 한다. 배 쪽은 엷 은 회색이다.
- **사는 곳:** 냇물, 호수, 저수지나 늪, 소택지 등
- **생태:** 순민물고기. 물이 탁하며 흐름이 느리거나 고여 있고 진흙 바닥인 곳에 산다. 밤에 물고기, 물속 동물을 잡아먹는다. 5~7월에 알을 낳는다.

- **분포:** 서해와 남해로 흘러드는 거의 모든 냇물에 산다.
- **비슷한 종:** 미유기. 상류와 중상류에 살며, 등지 느러미살은 3개이고 길이는 눈지름의 1배 반 정 도로 짧다.

오산천, 오산

대륙송사리

- **크기:** 3~4cm
- **생김새:** 몸이 길고 납작하며, 머리 꼭대기는 편평하다. 입은 작고 위쪽을 향하며, 아래턱이 위턱보다 길다. 등지느러미는 매우 뒤쪽으로 치우쳤으며 뒷지느러미 밑바탕이 길다. 암컷이 수컷보다 크고 배가 더 부풀었다.
- **몸 색깔:** 등 쪽은 엷은 갈색이다. 몸 옆면에 점이나 다른 무늬가 없다. 알 낳는 시기에는 수컷 지느러미가 검게 변하며, 특히 배지느러미는 진한 검은색을 띤다.
- **사는 곳:** 작은 연못, 물웅덩이, 농수로 등
- **생태:** 순민물고기. 물풀이 많고 물 흐름이 느린 곳 표층에서 무리 지어 생활한다. 5~/월에 알을 낳으며, 알 덩어리 10~20개를 생식구멍에 달고 다니다가 물풀 같은 곳에 붙인다.
- **분포:** 서해로 흘러드는 냇물과 영산강, 섬진강 등에 산다.
- **비슷한 종:** 송사리. 대륙송사리와 생김새나 이차 성징이 비슷하지만 조금 더 크며 몸통에 작고 검은 점이 많다.

웅덩이, 강화

잔가시고기

- **크기:** 5~6cm
- **생김새:** 몸은 길고 옆으로 납작하며 조금 높다. 꼬리자루는 가늘고 짧으며 꼬리지느러미 가장자리는 둥글다. 등 쪽에 가시가 6~9개 있다.
- **몸 색깔:** 등 쪽은 녹색 빛 도는 갈색이며, 몸 옆면에는 불규칙하고 어두운 가로줄이 여러 개 있다. 등지느러미막은 검은색과 청록색을 띠는 모둠으로 나뉜다. 알 낳는 시기 수컷은 온몸이 검게 변한다.
- **사는 곳:** 동해로 흘러드는 냇물 중류에서 하류
- **생태:** 육봉형물고기. 물이 맑고 물풀이 많은 곳에 산다. 물속 동물을 먹는다. 3~4월에 알을 낳으며, 수컷이 알과 새끼를 돌본다.
- **분포:** 경북 포항 형산강 이북 동해로 흘러드는 냇물과 낙동강수계인 금호강에 산다.

- **비슷한 종:** 가시고기, 큰가시고기. 가시고기는 잔가시고기와 생김새나 생활이 매우 비슷하나 등지느러미와 배지느러미 막이 투명하다. 큰가시고기는 바다에서 자란 뒤 3~4월에 냇물로 올라와 알을 낳는 강오름물고기이며, 몸이 크고 등가시가 3개다.

남천, 고성

블루길

- **크기:** 15~20cm
- **생김새:** 옆으로 납작하며 몸이 높은 달걀꼴이다. 입은 작고 꼬리지느러미 뒷가두리는 얕게 파였다.
- **몸 색깔:** 푸른빛이 나는 황록색이며 몸 옆면에 줄 7~10개가 뚜렷하지만 자라면서 희미해진다. 암컷보다 수컷이 아가미덮개 뒷가두리에 짙푸르게 튀어나온 곳이 크고 색도 진하다.
- **사는 곳:** 호수, 저수지, 강 하류 등
- **생태:** 순민물고기. 물풀이 많고 흐름이 없는 곳에 무리 지어 산다. 잡식성이지만 육식성이 강하다. 5~6월에 수컷이 냇물 바닥에 접시처럼 생긴 둥지를 만들면 여러 마리 암컷이 알을 낳으며, 수컷이 알과 새끼를 돌본다.
- **분포:** 원산지는 북미이며, 전국 댐호나 저수지, 강 등에 퍼져 산다.
- **참고:** 1969년 12월에 어린 물고기 510마리를 들여와 1975년부터 풀어놓았다. 블루길이 살기에 우리나라 환경이 알맞은 데다 번식력도 왕성해 짧은 기간에 적응, 정착, 확산했으며, 생태계를 심각하게 교란시키고 있다. 토착 생태계에 미치는 나쁜 영향으로 환경부에서는 생태계교란야생동물로 지정했다.

소양호, 인제

배스

- **크기:** 20~50cm
- **생김새:** 유선형으로 몸은 높지 않다. 머리와 입은 크고, 주둥이는 길며, 아래턱이 위턱보다 길다. 입은 매우 커서 위턱 끝이 눈 뒷가두리에 이른다. 꼬리지느러미 뒷가두리 가운데가 얕게 갈라진다.
- **몸 색깔:** 등 쪽은 어두운 녹색이고 몸 옆면 가운데에는 희미한 검은색 줄과 불규칙한 얼룩이 있다. 등지느러미와 꼬리지느러미는 어둡다.
- **사는 곳:** 호수, 저수지, 강 중하류, 하류 등
- **생태:** 물 흐름이 느리고 물풀이 우거진 곳에 살며 작게 무리를 이룬다. 물살이곤충, 새우, 물고기 등을 잡아먹는다. 5월 무렵, 수컷이 접시처럼 생긴 둥지를 만들면 암컷이 알을 낳는다. 수컷은 알에서부터 새끼가 2~3cm 될 때까지 돌본다.
- **분포:** 원산지는 북미이며, 우리나라 여러 호수나 저수지에 풀어놓았다.
- **참고:** 1973년 6월 어린 물고기 500마리를 미국에서 자원조성용으로 들여와 풀어놓았다. 블루길과 같이 왕성한 번식력과 포식성으로 국내 수중 생태계를 심하게 교란시켜 생태계교란야생생물로 지정, 관리한다.

팔당호, 양평

86

버들붕어

- **크기:** 5~7cm
- **생김새:** 몸은 긴둥근꼴이며 옆으로 납작하다. 입은 작고 비스듬히 위를 향해 튀어나왔다. 등지느러미와 뒷지느러미 밑바탕은 매우 길고 뒤쪽 일부 지느러미살이 길게 늘어나 꼬리지느러미 절반에 이른다. 배지느러미 2번째 지느러미살도 길게 늘어났다.
- **몸 색깔:** 등 쪽은 짙은 갈색, 배 쪽은 엷은 갈색이며, 아가미덮개 끝에 청록색 무늬가 있다. 생식행동을 할 때 수컷 몸통에 화살 무늬가 나타나고 등지느러미, 뒷지느러미, 꼬리지느러미는 붉은색이 뚜렷해진다.
- **사는 곳:** 소택지, 물웅덩이, 농수로 등
- **생태:** 물 흐름이 거의 없고 물풀이 많은 곳에 산다. 윗아가미기관(상새기관, 입으로 빨아들인 공기로 호흡하는 보조 호흡기관)이 있어 용존산소가 적은 곳에서도 잘 견딘다. 작은 물속 동물을 먹는다. 6~7월에 수컷이 수면에 공기방울로 알 낳을 곳을 만들면 암컷이 알을 낳으며, 수컷이 알과 새끼를 돌본다.
- **분포:** 영동지방을 뺀 전국에 산다.

낙동강 배후습지, 김해

산란행동

87

하구

강 끝인 하구는 대부분 물이 탁하고 바닥이 펄로 이루어지며, 밀물과 썰물 영향을 받아 주기적으로 물 높이가 오르내린다. 한강, 섬진강처럼 민물과 바닷물이 자연스럽게 만나는 곳도 있지만, 낙동강이나 금강, 영산강처럼 둑으로 막힌 곳도 있다. 만조와 간조 차가 큰 서해로 흘러드는 하구에는 냇물 크기에 관계 없이 대부분 방조제나 배수갑문이 설치되어 있지만, 만조와 간조 차가 거의 없고 가파른 동해안은 중상류 형태 냇물이 바로 바다와 만나기도 한다. 대부분 동해안을 따라 나타나는 석호는 모래톱이 바닷물을 막지만, 파도가 치면 바닷물이 석호로 넘쳐들어오거나 모래톱으로 스며들고 땅에서는 민물이 흘러들어온다.

하구나 석호는 민물과 바닷물이 만나면서 기수(반소금물)가 된다. 그래서 망둑어과 물고기나 전어, 밴댕이, 숭어, 농어 같이 기수를 좋아하거나 일시적으로 나타나는 양측회유성물고기가 살기도 하며, 강오름이나 강내림 물고기의 생리적 완충지 역할도 한다.

한강하구, 김포

주진천 하구, 고창

대종천 하구, 경주

송지호(석호), 고성

황어

- **크기:** 25~30cm
- **생김새:** 몸은 길며 조금 납작하다. 주둥이는 뾰족하고, 위턱이 아래턱보다 길다. 등지느러미 가장자리는 곧고 밑바탕은 짧다.
- **몸 색깔:** 민물에 사는 어린 황어는 등 쪽이 연한 갈색이다. 바다에서 자란 뒤 알을 낳으려고 올라오는 황어는 혼인색을 띠어 등 쪽과 몸 옆면은 검은색이다. 눈 뒤쪽에서 꼬리자루까지, 주둥이에서 가슴지느러미를 지나 꼬리자루까지 이어지는 굵은 주황색 세로줄이 2개 있으며, 옆줄을 따라서도 가는 주황색 줄이 있다.
- **사는 곳:** 중류에서 하류, 연안
- **생태:** 강오름물고기. 냇물에서 태어난 어린 황어는 물 흐름이 느리고 맑은 곳에 살며 물살이곤충이나 부착조류를 먹는다. 바다로 옮겨가 자란 황어는 알을 낳으려고 3~4월에 민물로 올라가기 시작하며 4월에 알을 낳는다.
- **분포:** 남해, 동해 연안과 그곳으로 흘러드는 냇물에 산다.
- **비슷한 종:** 대황어

양양남대천, 양양

90

꾹저구

- **크기:** 6~10cm
- **생김새:** 머리는 넓고, 위아래로 납작하며, 꼬리자루는 옆으로 조금 납작하다. 주둥이 끝은 둥글고, 아래턱이 위턱보다 조금 길며, 입은 커서 위턱 끝이 눈 뒷가두리에 이른다. 눈은 머리 위쪽으로 치우쳤다. 배지느러미는 좁고 긴 빨판을 이룬다.
- **몸 색깔:** 녹색 빛 도는 갈색 바탕에 검은 얼룩 7~9개가 등과 몸 옆면에 나타나며 몸 전체에는 작고 어두운 얼룩이 흩어져 있다. 제1등지느러미 뒤쪽에 검은색 무늬가 있으며, 꼬리지느러미 시작점에 둥글거나 네모진 검은색 무늬가 있다.
- **사는 곳:** 중하류, 하류
- **생태:** 육봉형물고기, 양측회유성물고기. 강 하류 물 흐름이 느리고 큰 돌이나 둘눌이 많은 민물 또는 기수에 살며 때때로 중류까지 올라가기도 한다. 물살이곤충을 주로 먹는다. 5월 무렵에 알을 낳는다.
- **분포:** 제주도를 뺀 전국에 산다.
- **비슷한 종:** 무늬꾹저구, 검정꾹저구

호산천, 삼척

민물두줄망둑

- **크기:** 6~8cm
- **생김새:** 몸은 짧고, 몸통 앞쪽은 둥근기둥꼴이며, 뒤로 가면서 옆으로 조금 납작해진다. 주둥이는 짧고 위턱과 아래턱 길이가 같다. 가슴지느러미살이 갈라지지 않고 모두 이어지며 돌기가 없다.
- **몸 색깔:** 상황에 따라 몸 색깔이나 무늬가 심하게 달라지는 편이다. 보통 바탕은 회갈색이거나 밝은 갈색이다. 몸 옆면 가운데를 가로지르는 뚜렷한 세로줄이 2개 있으나 희미해지거나 사라지기도 하며 희미한 회갈색 얼룩이 온몸에 나타나기도 한다.
- **사는 곳:** 기수, 민물
- **생태:** 양측회유성물고기. 돌이 많은 곳을 좋아한다. 주로 물속 동물을 먹는다.
- **분포:** 전국에 사나 주로 서해와 남해로 흘러드는 냇물에서 보인다.
- **비슷한 종:** 두줄망둑. 기수에도 나타나지만 주로 바다에 살며, 1번째 가슴지느러미살은 다른 지느러미살과 갈라지고 작은 돌기가 덮여 있다.

백천, 부안

몸 색깔 변화

문절망둑

- **크기:** 20~30cm
- **생김새:** 몸 앞쪽은 둥근기둥꼴이고 등지느러미 뒤에서부터 옆으로 납작해진다. 위턱이 아래턱보다 조금 길고 위턱 끝이 눈 앞쪽에 이르지 못한다. 눈은 위쪽으로 치우쳤다.
- **몸 색깔:** 바탕은 연한 갈색이며 머리와 몸통에 작고 짙은 갈색 점이 퍼져 있고, 불규칙하고 짙은 갈색 무늬 7개쯤이 몸 옆면에 나타난다. 제1~2등지느러미와 꼬리지느러미에는 짙은 갈색과 흰색 무늬가 늘어서서 여러 줄을 이룬다.
- **사는 곳:** 하구, 기수역
- **생태:** 양측회유성물고기. 갯벌이나 모래 바닥에 살며 때때로 민물까지 올라온다. 작은 갑각류나 패류, 물고기 등을 먹는다. 겨울에서 이른 봄 사이에 알을 낳으며 1년을 산다.

- **분포:** 황해, 남해, 동해 연안과 그리 흘러드는 냇물 하구에 산다.
- **비슷한 종:** 풀망둑. 꼬리지느러미에 무늬가 없다.

경포천, 강릉

풀망둑

- **크기:** 30~40cm
- **생김새:** 머리는 둥근기둥꼴이고 꼬리자루는 옆으로 조금 납작하다. 머리는 크고 자라면서 제1등지느러미 부근에서부터 몸통이 가늘어진다.
- **몸 색깔:** 바탕은 엷은 녹색이며 작고 짙은 갈색 무늬가 온몸에 흩어져 있고, 불규칙한 짙은 갈색 무늬 9개쯤이 옆면에 늘어선다. 제1~2등지느러미에는 짙은 갈색과 흰색 줄이 뚜렷하며 꼬리지느러미에는 무늬가 없다.
- **사는 곳:** 하구, 기수역
- **생태:** 양측회유성물고기. 진흙 바닥에 주로 살며, 갑각류나 작은 물고기 등을 먹는다. 매우 빨리 자라고, 5월 무렵에 알을 낳고는 아주 홀쭉해지면서 거의 모두 죽는다.

- **분포:** 서해와 남해안에 주로 산다.
- **비슷한 종:** 문절망둑. 풀망둑은 제2등지느러미살이 17~20개이고 꼬리지느러미에 무늬가 없는데 반해 문절망둑은 제2등지느러미살이 12~14개로 적고 꼬리지느러미에 지그재그로 된 줄이 있다.

만경강 하구, 김제

알 낳는 시기 암컷

알 낳는 시기 수컷

흰발망둑

- **크기**: 6~10cm
- **생김새**: 머리와 몸통은 둥근기둥꼴이며 몸 뒤쪽은 조금 옆으로 납작하다. 아래턱보다 위턱이 조금 길다. 눈은 머리 위쪽으로 치우쳤다.
- **몸 색깔**: 연한 회색 바탕에 불규칙한 갈색 점이 온몸에 흩어져 있으며, 몸 옆면에는 밝은 회색 가로줄이 10~12개 있다.
- **사는 곳**: 하류, 연안
- **생태**: 양측회유성물고기. 갯벌이나 얕은 모래 웅덩이에 산다. 바닥에 사는 동물이나 부착조류를 주로 먹는 잡식성이다.
- **분포**: 전국 연안과 강 하류에 산다.

- **비슷한 종**: 비늘흰발망둑. 아가미뚜껑과 머리 뒤쪽에 비늘이 있다.

영흥도, 인천

수컷

암컷

말뚝망둥어

- **크기:** 6~10cm
- **생김새:** 몸은 조금 납작한 둥근기둥꼴이다. 머리가 크고, 머리에서 꼬리 쪽으로 갈수록 몸높이가 낮아진다. 눈은 머리 꼭대기에서 튀어나왔다. 위턱이 아래턱보다 조금 길고 위턱 앞쪽에는 살 같은 막이 있으며 늘어진 막 양쪽 끝에 콧구멍이 열려 있다. 입술은 피부처럼 두껍다. 가슴지느러미 밑바탕은 살로 둘러싸였다.
- **몸 색깔:** 전체적으로 회색이다. 몸통을 가로지르는 검은색 무늬 5~6개가 비스듬히 늘어서고, 작고 검은 점이 흩어져 있다. 뒷지느러미를 뺀 모든 지느러미에는 검은색과 흰색 무늬가 늘어선다.
- **사는 곳:** 갯벌이 있는 하구나 바다
- **생태:** 양측회유성물고기. 물이 빠졌을 때 가슴지느러미와 꼬리지느러미로 갯벌에서 기거나 뛰어다니면서 곤충이나 갑각류 등을 잡아먹는다. 놀라면 재빨리 주변 구멍으로 숨는다. 6~8월에 알을 낳는다.
- **분포:** 서해와 남해 연안, 그리 흘러드는 하구를 따라 산다.
- **비슷한 종:** 큰볏말뚝망둥어, 짱뚱어

벌교천 하구, 벌교

숭어

- **크기:** 50~80cm
- **생김새:** 몸은 길고 둥근기둥꼴이며 뒤쪽은 조금 옆으로 납작하다. 머리는 위아래로 납작하며, 머리 꼭대기는 편평하다. 위턱이 아래턱보다 길며 앞에서 본 입은 'ㅅ'처럼 생겼다. 기름눈꺼풀이 눈을 덮는다. 꼬리지느러미 뒷가두리 가운데가 깊이 파였다.
- **몸 색깔:** 등 쪽은 회청색이며 배 쪽은 흰색이다. 가슴지느러미 밑바탕에 눈 크기만 한 푸른 무늬가 뚜렷하며, 몸 옆면에는 어두운 세로줄이 6~8개 있다.
- **사는 곳:** 연안, 하구
- **생태:** 양측회유성물고기. 대부분 시기를 바다에서 보내지만 기수나 민물에 흔히 나타난다. 특히 어린 물고기는 떼를 지어 냇물 깊숙이 거슬러 오르기도 하며 기수에는 제법 큰 물고기가 머물기도 한다. 잡식성으로 펄 속 유기물이나 조류 등을 먹는다.
- **분포:** 전국 연안에 산다.
- **비슷한 종:** 가숭어

한강, 고양

납자루아과 구별하기

우리나라 납자루아과에는 15종이 있다. 이들 가운데 서호납줄갱이는 멸종했으며 납줄개는 북한에만 산다. 납자루아과는 조개 아가미 안에 알을 낳는 독특한 습성이 있다. 그리하면 초기 사망률이 매우 높은 알과 어린 물고기가 조개에게서 보호를 받을 수 있다. 알 낳는 시기가 되면 수컷은 화려한 혼인색을 띠고 암컷은 조개에 알을 낳기 알맞게 산란관이 길어진다. 이 시기에 수컷은 조개를 중심으로 세력권을 만들고 암컷에게 구애행동을 한다.

한편 석패과 조개는 유생을 방출해 물고기 지느러미나 아가미에 붙어 지내게 한다. 유생은 일정 기간 기생생활을 한 뒤 떨어져 나가 독립생활을 한다. 자유롭게 옮겨 다니지 못하는 조개가 헤엄치는 물고기를 이용해 멀리 퍼져 나가려는 것이다.

흰줄납줄개 산란행동

납자루아과 물고기가 석패과 조개 아가미 안에 알을 낳는 것과 석패과 조개가 물고기에 유생을 달라붙게 하는 것은 각각 기생에 해당한다. 그러나 납자루는 조개가 없으면 알을 낳지 못하고, 조개는 물고기가 없으면 멀리 퍼져 나가지 못하니 넓게는 상리공생 관계로도 볼 수 있다.

납자루아과는 종 구별이 무척 어렵다. 생김새나 몸 색깔이 비슷하고, 같은 종이라 해도 암컷과 수컷, 혼인색에 따라 몸 색깔이 매우 다르기 때문이다. 여기에 싣는 납자루아과 13종(멸종한 서호납줄갱이와 북한에 사는 납줄개 2종을 빼고) 설명과 사진, 176쪽에 실은 검색표를 잘 살피면 납자루아과 종을 구별하는 데 도움이 되리라 생각한다.

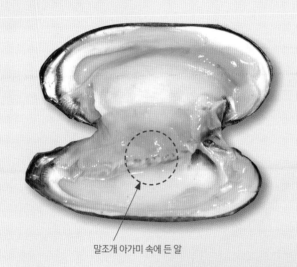

말조개 아가미 속에 든 알

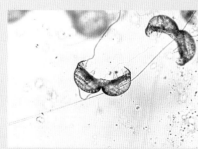

말조개 유생

물고기 지느러미에 달라붙은 석패과 조개 유생

떡납줄갱이

- **크기:** 3~5cm
- **생김새:** 몸은 옆으로 납작하지만 몸높이가 아주 높지는 않다. 옆줄은 불완전해서 앞쪽 4개 비늘에만 구멍이 있다. 머리는 작고, 주둥이는 앞으로 튀어나왔다. 입은 작고 입수염이 없다. 등지느러미와 뒷지느러미 갈라진 줄기는 9~10개이며, 옆줄 비늘 수는 32~33개다.
- **몸 색깔:** 등 쪽은 엷은 갈색이고, 아가미덮개 뒤 위쪽에 작고 어두운 점이 있다. 몸 가운데에는 등지느러미 시작점보다 훨씬 앞쪽에서 시작하는 짙푸른 세로줄이 있다. 등지느러미 앞쪽에는 작고 흰 점과 커다란 검은 무늬가 있으며, 앞쪽 가장자리는 붉은색이다. 뒷지느러미 가장자리를 따라 좁고 검은 줄이 나타나고 그 안쪽에는 조금 넓은 붉은 띠가 있다.

- **사는 곳:** 중하류, 저수지, 농수로 등
- **생태:** 순민물고기. 얕고 물 흐름이 느리며 물풀이 많은 곳에서 무리 지어 산다. 플랑크톤이나 유기물을 먹는 잡식성이다. 4~6월에 알을 낳는다.
- **분포:** 서해와 남해로 흘러드는 냇물에 산다.

청미천, 여주

수컷

암컷

한강납줄개

- **크기:** 5~7cm
- **생김새:** 몸은 긴둥근꼴로 높고 납작하다. 비늘은 크고, 옆줄은 불완전해 앞쪽 6~7개 비늘에만 구멍이 있다. 입수염이 없다. 등지느러미 갈라진 줄기는 9~10개다.
- **몸 색깔:** 등 쪽은 어두운 회색이며 배 쪽은 은회색이다. 아가미뚜껑 뒤쪽에 얼룩이 없다. 몸 옆면 가운데 등지느러미 시작점 부근부터 꼬리자루 끝까지 푸른색 세로줄이 이어진다. 수컷 혼인색은 검은색과 누런색이 진하게 드러난다.
- **사는 곳:** 중상류
- **생태:** 순민물고기. 흐름이 느리고 돌과 자갈이 많은 곳을 좋아하며, 주로 물살이곤충이나 부착조류를 먹는다. 4~5월에 알을 낳는다.
- **분포:** 강원 횡성, 경기 양평과 가평, 충남 예산과 보령 등에 산다. 한국고유종이다.

금계천, 횡성

수컷

흰줄납줄개

- **크기:** 5~7cm
- **생김새:** 몸은 달걀꼴이며 매우 높고 납작하다. 머리는 작고 입수염은 없다. 옆줄은 불완전해 앞쪽 3~6개 비늘에만 구멍이 열려 있다. 등지느러미 갈라진 줄기(분지연조)는 (10)11~12개, 뒷지느러미는 10~11개.
- **몸 색깔:** 등 쪽은 갈색이고 초록색 금속광택이 돈다. 몸 옆면 가운데 등지느러미 시작점 부근에서 청록색 세로줄이 가늘게 시작되어 꼬리자루 끝까지 이어진다. 아가미덮개 뒤 위쪽에 희미한 얼룩이 있고, 그 뒤쪽으로 푸른빛 가로줄이 있다. 수컷 혼인색은 몸 전체에서 진한 분홍색 또는 붉은색으로 나타난다.
- **사는 곳:** 중하류, 저수지, 농수로
- **생태:** 순민물고기. 얕고 흐름이 느리며 물풀이 우거진 곳에 떼 지어 산다. 잡식성이며, 5~6월에 알을 낳는다.
- **분포:** 동해로 흘러드는 냇물을 뺀 전국에 산다.

수컷

낙동강 배후습지, 밀양

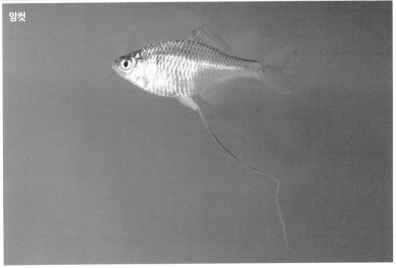

암컷

각시붕어

- **크기:** 3~5cm
- **생김새:** 달걀꼴로 몸이 높고 납작하다. 머리는 작고 주둥이는 튀어나왔으며 입수염이 없고 옆줄은 불완전하다. 등지느러미 갈라진 줄기는 8~9(10)개, 뒷지느러미는 8~10개다.
- **몸 색깔:** 등 쪽은 녹색 빛 도는 갈색이고, 몸 옆면 가운데 등지러미 시작점 부근부터 꼬리자루 끝까지 짙푸른 세로줄이 나타난다. 등지느러미와 뒷지느러미에는 검은색 점으로 이어진 무늬가 3줄 있다. 수컷 등지느러미와 뒷지느러미 앞쪽 가장자리, 배지느러미, 꼬리지느러미 시작점 등이 붉은색이고, 뒷지느러미 가장자리를 따라 검은색 띠가 나타난다. 아가미덮개 뒤 등 쪽에 푸른 무늬가 있고, 그 뒤로 녹청색 가로줄이 희미하게 나타난다.

- **사는 곳:** 중하류, 농수로, 저수지
- **생태:** 순민물고기. 물풀이 우거지고 물 흐름이 느린 얕은 곳에 산다. 잡식성이다. 5~6월에 알을 낳는다.
- **분포:** 동해로 흘러드는 냇물을 뺀 전국 민물에 산다. 한국고유종이다.

내가천, 강화

줄납자루

- **크기:** 5~10cm
- **생김새:** 몸은 옆으로 납작하고 납자루아과에서는 몸높이가 낮은 편이다. 주둥이는 뾰족하고, 입가에는 눈 지름 길이 반쯤 되는 수염이 1쌍 있다. 등지느러미와 뒷지느러미 모두 갈라진 줄기는 7~9개다.
- **몸 색깔:** 등 쪽은 어두운 청록색이다. 아가미덮개 뒤쪽에 눈 크기만 한 녹청색 무늬가 있으며, 그 뒤로 꼬리자루 끝까지 연결되는 녹청색 세로줄이 있다. 세로줄에서 등 쪽으로는 가늘고 희미한 줄이 3~4개 나타난다. 배지느러미와 뒷지느러미 가장자리를 따라 흰색 띠가 뚜렷하다.
- **사는 곳:** 중상류, 중류, 호수
- **생태:** 순민물고기. 물 흐름이 조금 느린 곳에 살지만, 납자루아과 물고기 중에서는 물 흐름이 빠른 곳에 사는 편이다. 잡식성이며, 식물성 플랑크톤을 주로 먹는다. 4~6월에 알을 낳는다.
- **분포:** 서해와 남해로 흘러드는 냇물에 살며, 한국 고유종이다.

구량천, 진안

수컷

암컷

큰줄납자루

- **크기:** 9~12cm
- **생김새:** 몸집이 크며 옆으로 납작하고 몸높이는 높지 않다. 주둥이는 앞으로 튀어나왔으며 입은 아래를 향하고, 입수염은 눈 지름의 반을 넘는다. 등지느러미 갈라진 줄기는 8개, 뒷지느러미 갈라진 줄기는 7~8개다.
- **몸 색깔:** 등 쪽은 어두운 녹색이며 배 쪽은 엷은 녹색이다. 아가미덮개 뒤 5~7번째 비늘에는 뚜렷하지 않은 초록색 무늬가 있으며 그 뒤로 초록색 세로줄이 꼬리자루 끝까지 이어진다. 뒷지느러미 가장자리를 따라 흰색 띠가 뚜렷하지만 배지느러미에는 흰색 띠가 없다.
- **사는 곳:** 중상류, 중류
- **생태:** 순민물고기. 큰 돌이나 자갈이 깔리며 흐름

이 조금 빠르고 깊은 곳에서 산다. 물살이곤충을 주로 먹는다.
- **분포:** 섬진강수계 전체, 낙동강수계 일부 지역에 산다. 한국고유종이다.

섬진강, 임실

수컷

수컷(앞)과 암컷(뒤)

납지리

- **크기:** 6~10cm
- **생김새:** 몸은 옆으로 납작하고 조금 높다. 주둥이는 앞으로 튀어나왔고, 짧은 입수염이 1쌍 있다. 등지느러미 갈라진 줄기는 11~13개다.
- **몸 색깔:** 아가미덮개 뒤 위쪽에 어두운 무늬가 있으며, 몸 옆면 가운데부터 꼬리자루까지 짙푸른 세로줄이 나타난다. 수컷 혼인색은 배와 지느러미에서 밝은 붉은색으로 나타난다.
- **사는 곳:** 중류에서 하류
- **생태:** 순민물고기. 물 흐름이 느리고 물풀이 많은 곳에 산다. 초식성이다. 우리나라 납자루아과에서 유일하게 9~10월에 알을 낳는다(추계산란종).
- **분포:** 동해로 흘러드는 냇물을 뺀 대부분 냇물에 산다.

음성천, 음성

가시납지리

- **크기:** 6~10cm
- **생김새:** 몸이 매우 납작하고 높다. 머리는 작고, 위턱이 아래턱보다 튀어나와서 입이 아래쪽을 향하며, 입수염은 없다. 등지느러미 갈라진 줄기는 12~13개다.
- **몸 색깔:** 등 쪽은 청록색이며, 몸 전체에 은백색 광택이 뚜렷하다. 아가미덮개 뒤쪽에 뚜렷하지 않은 어두운 점이 있으며, 몸 옆면 등지느러미 시작점 아래부터 꼬리자루까지 어두운 줄이 나타난다. 수컷 혼인색은 몸 옆면에서 보랏빛으로 나타나며, 등지느러미와 뒷지느러미 바깥 가장자리에서 검은색 띠가 뚜렷이 나타난다.
- **사는 곳:** 중류에서 하류, 호수 등
- **생태:** 순민물고기. 물 흐름이 조금 느리고 물풀이 많은 큰 냇물에 주로 살며, 잡식성이다. 5~6월에 알을 낳는다.
- **분포:** 동해로 흘러드는 냇물을 뺀 서해와 남해로 흐러드는 냇물에 산다.

팔당호, 남양주

수컷

암컷

큰납지리

- **크기:** 6~14cm
- **생김새:** 몸은 납작하고 조금 높다. 주둥이는 조금 튀어나왔고, 입은 작으며 말굽꼴이고, 입가에 흔적만 남은 수염이 1쌍 있다. 등지느러미 갈라진 줄기는 15~17개다.
- **몸 색깔:** 등 쪽은 연한 녹색 빛 도는 갈색으로 은빛 광택이 난다. 아가미덮개 뒤쪽에 눈 크기만 한 어두운 점이 있고, 그 뒤 3~4번째 비늘에도 어두운 얼룩이 있다. 몸 옆면에 청록색 세로줄이 희미하게 나타나며, 포르말린에 고정된 표본에서는 매우 뚜렷하게 보인다. 알을 낳는 시기 수컷은 뒷지느러미 바깥 가장자리 흰색 띠가 매우 뚜렷해진다.
- **사는 곳:** 중류에서 하류

- **생태:** 순민물고기. 바닥이 진흙이고 흐름이 느리며 물풀이 많은 큰 냇물에서 주로 산다. 식물성 플랑크톤을 주로 먹는 잡식성이다. 4~6월에 알을 낳는다.
- **분포:** 동해로 흘러드는 냇물을 뺀 전국에 산다.

한강, 서울

납자루

- **크기:** 7~10cm
- **생김새:** 몸은 옆으로 납작하고 납자루아과에서는 높이가 조금 낮은 편이다. 입수염이 1쌍 있으며 눈 지름보다 조금 길다.
- **몸 색깔:** 아가미덮개 뒤 3, 4번째 비늘에 있는 어두운 점과 몸 옆면 세로줄은 흔적만 있다. 등지느러미 앞쪽 가장자리와 뒷지느러미 가장자리는 밝은 붉은색이다. 몸 색깔은 암수 모두 엷은 회색이지만, 알 낳는 시기에 수컷은 혼인색이 나타나 가슴 부위가 붉어지며, 등 쪽 청록색 광택이 뚜렷해지고 배는 보랏빛을 띤다.
- **사는 곳:** 중상류에서 중하류
- **생태:** 순민물고기. 정수역뿐 아니라 물 흐름이 조금 빠르고 자갈이 많은 곳에도 나타난다. 작은 물속 동물이나 식물질을 먹는 잡식성이다. 4~6월에 알을 낳는다.
- **분포:** 서해와 남해로 흘러드는 냇물에 산다.

노성천, 공주

묵납자루

- **크기:** 6~8cm
- **생김새:** 몸은 옆으로 납작하고 높으며, 주둥이는 튀어나왔다. 입 가장자리에 뚜렷한 입수염이 1쌍 있다. 수컷이 암컷보다 몸집이 크고 몸이 높다.
- **몸 색깔:** 수컷 혼인색은 평상시와 큰 차이가 없으나 등 쪽 녹청색이 진해지고 배와 꼬리자루가 누런빛을 띠며, 등지느러미와 뒷지느러미에 있는 검은색과 누런색 띠가 뚜렷해진다. 등지느러미의 누런색 띠는 지느러미 높이의 1/3보다 넓다. 암컷은 짙은 갈색이며 등지느러미에는 희미한 줄이 나타나고 뒷지느러미, 꼬리지느러미는 누런색을 띤다.
- **사는 곳:** 중상류
- **생태:** 순민물고기. 물 흐름이 조금 느리고 바닥에 큰 돌이 많은 곳을 좋아한다. 잡식성이다. 4~5월에 알을 낳는다.
- **분포:** 한강 이북에 산다. 한국고유종이며 멸종위기야생생물 II 급이다.

오대천, 평창

수컷

암컷

110

칼납자루

- **크기:** 6~8cm
- **생김새:** 몸은 옆으로 납작하고 높다. 입가에 수염이 1쌍 있다. 알 낳기 직전 길어진 암컷 산란관은 꼬리지느러미 시작점에 이르지 못한다. 알은 낱알꼴이다.
- **몸 색깔:** 몸은 짙은 갈색이며 점이나 다른 무늬가 없다. 등지느러미 가장자리에 있는 어두운 누런색 띠가 지느러미 높이의 1/5보다 좁다.
- **사는 곳:** 중류
- **생태:** 순민물고기. 흐름이 느리고 물풀이 많으며 돌이나 자갈이 깔린 곳을 좋아한다. 잡식성으로 물살이곤충이나 부착조류를 먹는다. 4~5월에 알을 낳는다.
- **분포:** 금강 이남 서해와 남해로 흘러드는 냇물에 산다. 한국고유종이다.
- **참고:** 뒷지느러미 무늬, 산란관 색깔, 유전적 차이 등을 들어 낙동강 일부 집단을 낙동납자루로 나누기도 한다.

금강, 금산

임실납자루

- **크기:** 5~6cm
- **생김새:** 옆으로 납작하고 높은 편이며, 수염이 1 쌍 있다. 알 낳는 시기에 암컷은 산란관이 길어져 서 꼬리지느러미 시작점을 지나며, 알은 달걀꼴 이다. 칼납자루보다 몸집이 조금 작다.
- **몸 색깔:** 짙은 갈색이며 몸에는 얼룩이 없다. 등 지느러미 가장자리에 있는 어두운 누런색 띠가 지느러미 높이의 1/5로 좁다. 알 낳는 시기 수컷 꼬리자루에 희미한 보랏빛 광택이 난다.
- **사는 곳:** 중류
- **생태:** 순민물고기. 조금 얕고 물풀이 많은 진흙 바닥에서 주로 살며, 잡식성이다. 5~6월에 알을 낳으며 칼납자루보다 조금 늦다. 칼납자루와 함 께 살기도 한다.

- **분포:** 섬진강수계에 산다. 한국고유종이며 멸종 위기야생생물 I급이다.

섬진강, 임실

생김새를
견주며
살펴보기

금강모치 | 버들가지

비늘은 작고 광택이 있다.

● 금강모치

등지느러미 아래쪽에
뚜렷한 검은색 무늬가 있다.

몸 옆면에 짙은 누런색 줄이
2개 있으며, 알 낳는 시기에는
더욱 뚜렷해진다.

● 버들가지

등지느러미 아래쪽에
검은색 무늬가 뚜렷하다.

몸은 조금 짧고 몸 옆면에 무늬가 없으며, 비늘이 크다.
몸은 자줏빛이 도는 진한 갈색이다.
분포 범위가 매우 좁다(강원 고성).

버들치 | 버들개 | 버들피리

등지느러미에 검은 무늬가 없다.

● 버들치

버들치 분포도

꼬리자루가 버들개보다
짧다.

위턱이 약간 길고
주둥이가 뭉뚝하다.

몸통에 검은 점이 흩어져 있으며
비늘은 버들개보다 크다.

전국에 퍼져 살며 영동 북부 일부에는
옮겨져 들어왔다.

● 버들개

등지느러미에 검은 무늬가 없다.

몸통에 작고 검은 점이 흩어져 있으며, 비늘은 버들치보다 작다.

꼬리자루가 버들치보다 길다.

위턱이 약간 튀어나왔고 주둥이가 뾰족하다.

몸통 가운데를 따라 굵고 짙은 갈색 띠가 흔히 나타난다.

버들개와 버들피리 분포도

버들개 자연분포지: 영동북부 (강릉 남대천 이북)

버들피리 분포지: 철원, 영월

0 100km

버들피리는 버들치나 버들개보다 눈이 매우 크고 꼬리자루가 가늘고 길며 꼬리지느러미 가운데가 깊이 파였다.

● 버들피리

열목어

주둥이는 뭉뚝하고 둥글며
위턱 끝이 눈 가운데에 이른다.

등지느러미와 꼬리지느러미 사이에
작은 기름지느러미가 있다.

● 다 자란 물고기

몸통과 등지느러미에는 작고
검은 점이 흩어져 있다.

● 어린 물고기

그해 태어난 어린 물고기는
파마크(줄)가 뚜렷하지만
어른 물고기에서는
희미하다.

산천어

주둥이는 뭉뚝하고 입이 크며
위턱 끝이 눈 뒷가두리를 지난다.

기름지느러미가 있다.

몸통 가운데 아래쪽에는 조금 작고
검은 점 여러 개가 흩어져 있다.

등 쪽으로 작고 검은 점이 흩어져 있고,
몸통 위쪽과 가운데에는 길게 크고
둥근 검은색 무늬가 15개쯤 나타난다.

● 산천어와 붉은점산천어 교잡형

산천어와 달리
몸통 가운데에
붉은 무늬가 뚜렷하다.

둑중개 | 한둑중개

● 둑중개

머리는 크고 몸통은 둥근기둥꼴이다.

몸통에는 비늘이 없고
갈색과 흰색 무늬 5~6개가
불규칙하게 흩어져 있다.

수컷 배지느러미는 크고 노란 바탕에
둥글고 흰 무늬가 있다.

주둥이는 짧고,
입은 넙적하고 크다.

눈은 위쪽으로 치우쳤다.

수컷 배지느러미에
무늬가 있다.

● 한둑중개

찬물에 살지 않으며, 바다와 맞닿은 냇물 중하류 여울에 산다.

새미

눈은 작은 편이다.

등지느러미 가운데를
가로지르는
검은색 무늬가 있다.

몸통 가운데를 가로지르는
굵고 검은 띠가 있으며
어린 물고기일수록 진하고
뚜렷하다.

주둥이는 아래로 굽었고
입은 말굽꼴이다.

모든 지느러미에서 앞쪽 가장자리와
꼬리지느러미 바깥 가장자리에
붉은 줄이 나타나며,
알 낳는 시기에는 너비가 넓어지고
색이 진해진다.

참갈겨니 | 갈겨니

● 참갈겨니(한강-금강 타입)

한강수계와 금강수계에 살며 영동 북부에는 옮겨져서 들어왔다.
상류나 중상류에 산다.

등지느러미 앞쪽 가장자리가
흰색이다.

눈이 크고 검다.

몸 옆면에 노란색이 강하게 나타난다.

● 참갈겨니(낙동강-섬진강 타입)

낙동강과 섬진강에 산다.

등지느러미가 노란색이다.

등지느러미 가운데와
가슴지느러미 앞쪽에 붉은
띠가 있다.

● 참갈겨니(낙동강–동해안 타입)

낙동강과 영동 지방에 산다.

등지느러미가 노란색이다.

등지느러미 가운데와
가슴지느러미 앞쪽에 붉은 띠가 없다.

● 갈겨니

서해와 남해로 흘러드는
냇물 중류 아래쪽에 주로 산다.

눈이 참갈겨니보다 작고
눈 위쪽이 붉다.

몸 옆면에
붉은색이 나타난다.

대륙종개 | 종개

● **대륙종개**

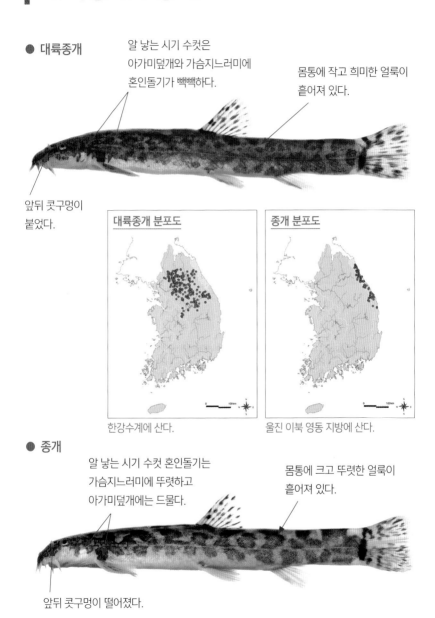

알 낳는 시기 수컷은
아가미덮개와 가슴지느러미에
혼인돌기가 빽빽하다.

몸통에 작고 희미한 얼룩이
흩어져 있다.

앞뒤 콧구멍이
붙었다.

대륙종개 분포도

한강수계에 산다.

종개 분포도

울진 이북 영동 지방에 산다.

● **종개**

알 낳는 시기 수컷 혼인돌기는
가슴지느러미에 뚜렷하고
아가미덮개에는 드물다.

몸통에 크고 뚜렷한 얼룩이
흩어져 있다.

앞뒤 콧구멍이 떨어졌다.

새코미꾸리 | 얼룩새코미꾸리

● **새코미꾸리**

한강수계에 살고, 영동 일부 지역에는
옮겨져 들어왔다.

주둥이와 꼬리지느러미 쪽은
주황색이다.

바탕은 어두운 누른빛이며,
몸통 전체에 작고 검은 얼룩이
빽빽하다.

● **얼룩새코미꾸리**

낙동강수계에 산다.

주둥이부터 눈 뒤까지
흰 띠가 있다.

주둥이 쪽이
누런색이다.

바탕은 누런색이며, 몸통 앞쪽에 크고
검은 얼룩이 성기게 흩어져 있다.

미유기 | 메기

● **미유기**
냇물 상류나 중상류에 산다.

등지느러미는 작아
눈 지름의 1배 반쯤이고,
지느러미살은 3개다.

머리가 작고 납작하며
몸높이가 낮다.

● **메기**
물이 흐르지 않고 탁한
중류 이하에 산다.

등지느러미는 눈 지름보다
3~4배 크고 지느러미살은 4~5개다.

머리가 크고
몸높이가 높다.

● **어린 메기**

어린 메기는
수염이 3쌍이다.

꺽지 | 꺽저기

● **꺽지**

전국 냇물 상류와 중상류에 산다.

눈동자 주변이 노란색이다.

몸 색깔 변화가 심하다.

상황에 따라 등에 점이나
줄이 나타나거나 사라진다.

아가미덮개 뒤쪽에
붉고 파란 무늬가 뚜렷하다.

꺽지 분포도

눈동자 주변이 붉은색이다.

● 꺽저기

탐진강, 구산천, 삼산천에만 산다.

꺽지보다 몸이 높고
몸통이 두껍다.

몸통 뒤쪽에
뚜렷한 줄이 6~7개 있다.

꺽저기 분포도

아가미덮개 뒤쪽에
붉고 파란 무늬가 뚜렷하다.

쉬리 | 참쉬리

● **쉬리**

한강수계, 금강수계(서한아지역)에 살며,
영동 북부에는 옮겨져 들어왔다.

등지느러미 아래쪽 띠가
위쪽으로 넓게 퍼졌다.

몸은 황록색이다.

뒷지느러미에
띠가 2개 있다.

● **참쉬리**

낙동강수계, 섬진강수계(남한아지역)에 산다.

등지느러미 아래쪽 띠가
몸 쪽에 몰려 있다.

몸은 청록색이다.

뒷지느러미에
띠가 1개 있다.

돌고기 | 감돌고기 | 가는돌고기

● **돌고기**
전국에 산다.

등지느러미 시작점 몸높이가
가장 높다.

등지느러미 끝에 검은 무늬가
있으나 뚜렷하지 않다.

수염이 길고 입은 앞쪽을 향한다.

● **감돌고기**
금강수계, 만경강수계,
웅천천수계에만 산다.

몸통은 돌고기와 비슷하지만
각 지느러미를 가로지르는
검은 무늬가 있다.

● **가는돌고기**
한강수계에만 산다.

등지느러미 끝 검은 무늬가
뚜렷하다.

머리부터 꼬리자루까지
거의 일직선으로 가늘고 길다.

돌고기에 비해
수염이 매우 짧다.

주둥이가 아래쪽으로 약간 굽었다.

참종개 | 왕종개 | 남방종개
동방종개 | 수수미꾸리

● **참종개**

중상류에 산다. 서한아지역(한강, 금강, 만경강, 동진강)에 분포한다.

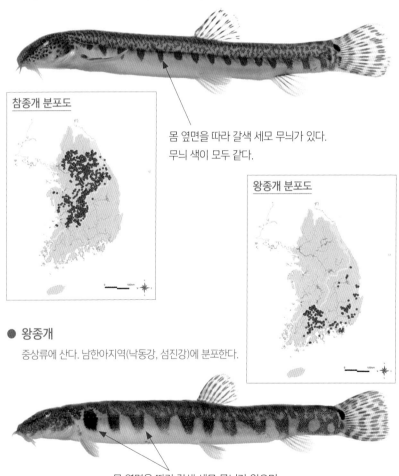

참종개 분포도

몸 옆면을 따라 갈색 세모 무늬가 있다.
무늬 색이 모두 같다.

왕종개 분포도

● **왕종개**

중상류에 산다. 남한아지역(낙동강, 섬진강)에 분포한다.

몸 옆면을 따라 갈색 세모 무늬가 있으며,
1, 2번째(특히 1번째) 무늬는 색이 매우 진하다.

● **남방종개**

중하류에 산다.
영산강과 탐진강에 분포한다.

몸 옆면을 따라 폭이 좁은 갈색 무늬가 9~11개
있으며 1, 2번째 무늬 색이 조금 진하다.

● **동방종개**

중하류에 산다.
형산강, 영덕오십천, 송현천, 축산천에 분포한다.

몸 옆면을 따라 갈색 무늬가
9~13개 있으며 무늬 색이 모두 같다.

남방종개 분포도

동방종개 분포도

● **수수미꾸리**

중상류에 산다.
낙동강수계에만 산다.

등 쪽에서 배 쪽으로
줄이 15~20개 있다.

눈동자개 | 대농갱이

● **눈동자개**
중상류에 산다.

몸은 진한 갈색이며
색깔이 고르다.

가슴지느러미 가시 안팎에
톱니가 있다.

가장 긴 수염이 가슴지느러미
시작점에 닿는다.

● **대농갱이**
중류부터 하류에 산다.

몸은 진한 갈색이며
어린 물고기는 누런색 얼룩이 많다.

가슴지느러미 가시 안쪽에만
톱니가 있다.

가장 긴 수염이 가슴지느러미
시작점에 많이 못 미친다.

퉁가리 | 퉁사리

● **퉁가리**

한강수계, 안성천수계에 살며,
낙동강과 영동 북부에는
옮겨져 들어왔다.

가슴지느러미 가시 안쪽에
톱니가 1~3개 있다.

● **퉁사리**

금강수계, 만경강수계,
영산강수계에 산다.

가슴지느러미 가시 안쪽에
톱니가 3~5개 있다.

퉁가리보다 몸이 높고
통통하다.

● **퉁가리 입**

퉁가리와 퉁사리는 위턱과 아래턱
길이가 같다. 채집 지역(분포 수계)과
몸통, 가슴지느러미 가시 톱니를
비교해 구별할 수 있다.

자가사리 | 섬진자가사리 동방자가사리

● **자가사리**

낙동강수계, 금강수계, 만경강수계에 살며,
영동 북부에는 옮겨져 들어왔다.

가슴지느러미 가시 안쪽에
톱니가 4~6개 있다.

● **섬진자가사리**

섬진강수계, 영산강수계, 동진강수계,
탐진강수계에 산다.

꼬리지느러미에
누런색 반달 무늬가 있다.

가슴지느러미 가시 안쪽에
톱니가 4~6개 있다.

● 동방자가사리

형산강수계, 태화강수계에 산다.

자가사리나 섬진자가사리보다 작다.

가슴지느러미 가시 안쪽에
톱니가 3~4개 있다.

각 지느러미 가장자리에
좁고 어두운 누른빛 띠가
있거나 없다.

● 자가사리 입

자가사리, 섬진자가사리, 동방자가사리는 위턱이 아래턱보다 길다.
꼬리지느러미 무늬와 색, 사는 지역으로 구별할 수 있다.

동사리 | 얼룩동사리 | 남방동사리

● **동사리**
영동 북부를 뺀 전국에 산다.

머리가 납작하고
몸높이가 낮다.

몸통에 있는 띠 3개가
등부터 배까지 이어진다.

● **얼룩동사리**
영동 북부를 뺀 전국에 산다.

머리가 두껍고
몸이 높다.

몸통에 있는 띠 3개가
분리되었으며 불규칙하다.

● **남방동사리**
거제도에만 산다.

몸통에 있는 띠 3개가 분리되었으며 불규칙하고,
1번째 무늬는 위로 갈수록 좁아진다.

● 동사리

1번째 무늬는 제1등지느러미와
제2등지느러미 사이를 지나며
막대꼴이다.

● 얼룩동사리

1번째 무늬는 제1등지느러미를
가로지르며 막대꼴이다.

● 남방동사리

1번째 무늬는 제1등지느러미를
가로지르며 리본꼴이다.

피라미 | 끄리

● 파라미 수컷

몸 옆면에 불규칙한
청록색 무늬가 있다.

위턱과 아래턱에 굴곡이 없다.

알 낳는 시기에 청록색, 분홍색, 청색 등이
화려하게 나타나며 뒷지느러미가 커진다.

● 피라미 암컷

● 피라미 암수(앞쪽 암컷)

암컷은 알 낳는 시기에도 색깔 변화가 거의 없다.

● 끄리

몸 옆면에
특별한 무늬가 없다.

위턱과 아래턱이 요철처럼 생겼다.

알 낳는 시기에는 몸 전체가
보라색을 띠며, 각 지느러미는
분홍색과 적황색으로 변한다.

● 어린 끄리

피라미 암컷과 어린 끄리는 생김새가 매우 비슷하지만
어린 끄리가 몸이 좀 더 날씬하고 입 생김새가 다르다.

참마자 | 어름치 | 어린 누치

● 참마자

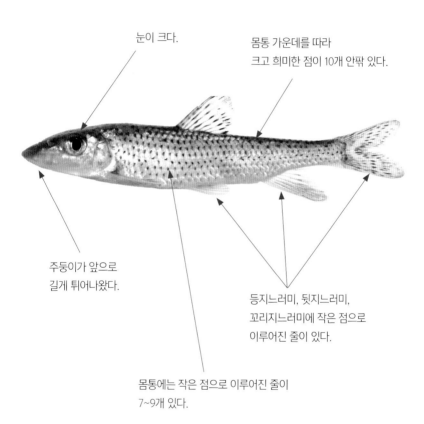

눈이 크다.

몸통 가운데를 따라
크고 희미한 점이 10개 안팎 있다.

주둥이가 앞으로
길게 튀어나왔다.

등지느러미, 뒷지느러미,
꼬리지느러미에 작은 점으로
이루어진 줄이 있다.

몸통에는 작은 점으로 이루어진 줄이
7~9개 있다.

어름치

몸통 가운데를 따라
희미한 큰 점이 5~7개 있다.

몸통에 조금 큰 점으로
이루어진 줄이 7~8개 있다.

등지느러미, 뒷지느러미,
꼬리지느러미에 굵은 줄이 있다.

● 어린 누치

몸통 가운데를 따라
희미하게 큰 점이 7~10개 있다.

모든 지느러미에
무늬가 없다.

모래무지

주둥이가 길다.

뒷지느러미를 뺀 모든 지느러미에 작은 점으로 이어진 줄이 있다.

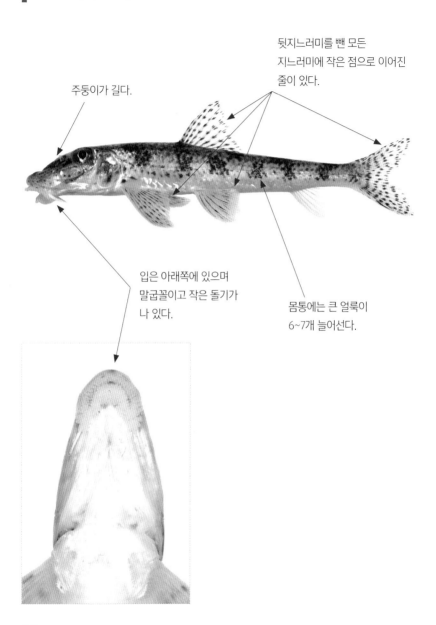

입은 아래쪽에 있으며 말굽꼴이고 작은 돌기가 나 있다.

몸통에는 큰 얼룩이 6~7개 늘어선다.

돌마자 | 여울마자 | 배가사리 | 왜매치

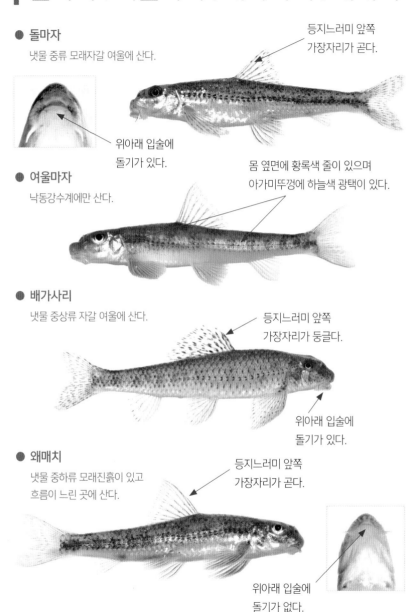

● **돌마자**

냇물 중류 모래자갈 여울에 산다.

등지느러미 앞쪽
가장자리가 곧다.

위아래 입술에
돌기가 있다.

● **여울마자**

낙동강수계에만 산다.

몸 옆면에 황록색 줄이 있으며
아가미뚜껑에 하늘색 광택이 있다.

● **배가사리**

냇물 중상류 자갈 여울에 산다.

등지느러미 앞쪽
가장자리가 둥글다.

위아래 입술에
돌기가 있다.

● **왜매치**

냇물 중하류 모래진흙이 있고
흐름이 느린 곳에 산다.

등지느러미 앞쪽
가장자리가 곧다.

위아래 입술에
돌기가 없다.

중고기 | 참중고기

● 중고기

등지느러미 아래쪽과
바깥 가두리에 검은 무늬 2개가
뚜렷하다.

꼬리지느러미 위쪽과 아래쪽에
검은 줄이 있다.

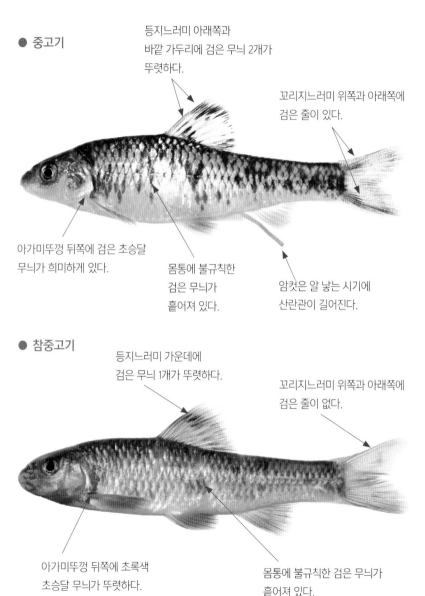

아가미뚜껑 뒤쪽에 검은 초승달
무늬가 희미하게 있다.

몸통에 불규칙한
검은 무늬가
흩어져 있다.

암컷은 알 낳는 시기에
산란관이 길어진다.

● 참중고기

등지느러미 가운데에
검은 무늬 1개가 뚜렷하다.

꼬리지느러미 위쪽과 아래쪽에
검은 줄이 없다.

아가미뚜껑 뒤쪽에 초록색
초승달 무늬가 뚜렷하다.

몸통에 불규칙한 검은 무늬가
흩어져 있다.

점줄종개 | 기름종개 | 줄종개

● **점줄종개 수컷**

낙동강과 영동을 뺀 전국에 산다.

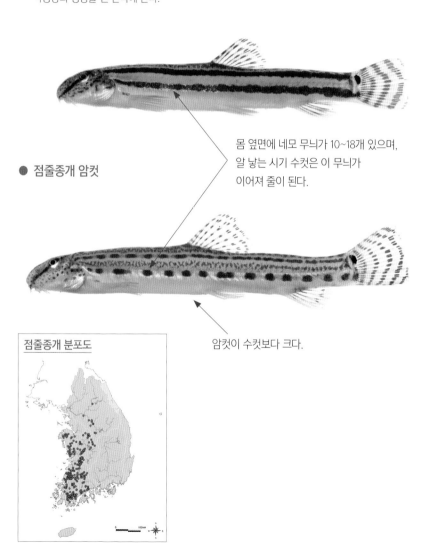

몸 옆면에 네모 무늬가 10~18개 있으며,
알 낳는 시기 수컷은 이 무늬가
이어져 줄이 된다.

● **점줄종개 암컷**

암컷이 수컷보다 크다.

점줄종개 분포도

● 기름종개

낙동강수계와 형산강수계에만 산다.

몸 옆면에 크고 길며
둥근 무늬가 9~12개 있다.

● 줄종개

섬진강수계에만 산다.

몸 옆면에 뚜렷한 세로줄이 2개 있으며,
그 사이에 불연속적이고 희미한 점선이
나타난다.

기름종개 분포도

줄종개 분포도

은어

위아래 턱이 두텁고 흰색이며,
이빨이 빗꼴이다.

위턱과 아래턱 앞쪽에
돌기가 있다.

기름지느러미가 있다.

위턱 끝이 눈을 훨씬 지난다.

옆줄은 곧으며 완전하다.

쏘가리

이빨이 크다.

등지느러미 가시는 12~13개이고
줄기는 13~14개다.

꼬리지느러미 가두리가
둥글다.

아래턱이 위턱보다 길다.

몸 전체는 엷은 갈색이며
좀 더 짙고 둥근 갈색 무늬가 나타난다.

149

밀어 | 갈문망둑

● 밀어 수컷

몸통에는 짙은 갈색 얼룩이
7~8개 있으나 변이가 심하다.

주둥이 끝이 둥글고
입이 크다.

배지느러미는
둥근 빨판을 이룬다.

● 밀어 암컷

위턱 가운데에서
양 눈앞에 이르는
붉은 V자 무늬가 있다.

● 갈문망둑

가슴지느러미 시작점에
푸른 얼룩이 있다.

몸통에 갈색 얼룩이
5~6개 있다.

뺨에 줄이 6~8개 있다

배지느러미 빨판은
긴둥근꼴이다.

주둥이는 짧고
끝이 뾰족하며 둥글다.

주둥이에 붉은 V자 무늬가 없다.

민물검정망둑 | 검정망둑

● **민물검정망둑 수컷**

민물에 산다.

뺨에 엷고 푸른 점이
성기게 흩어져 있다.

제1등지느러미 아래쪽에
어두운 누른빛 띠가
2~3줄 나타난다.

가슴지느러미 시작점에 있는
누런 무늬가 갈라지거나 끊어진다.

제1등지느러미살은 수컷만 길고
암컷과 어린 물고기는 짧다.

● **민물검정망둑 암컷**

● **검정망둑 수컷**

기수나 바다에 산다.

제1등지느러미 아래쪽에
어두운 누른빛 띠가 없거나
1줄이 희미하게 있다.

뺨에 엷고 푸른 점이 빽빽하나,
점이 작으면 성기게 나타난다.

가슴지느러미 시작점에 있는
누런 무늬가 갈라지지 않고
연결된다.

제1등지느러미살이
수컷, 암컷, 어린 물고기 모두 길다.

153

붕어 | 떡붕어 | 잉어

● 붕어

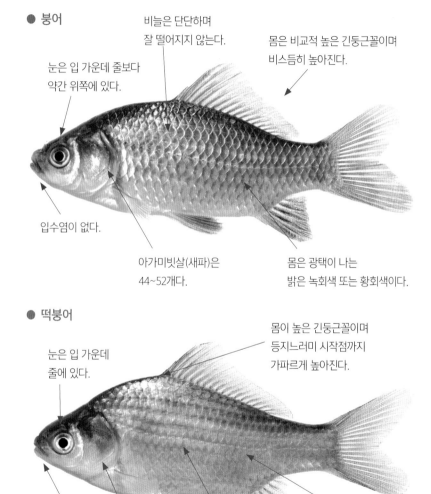

눈은 입 가운데 줄보다
약간 위쪽에 있다.

비늘은 단단하며
잘 떨어지지 않는다.

몸은 비교적 높은 긴둥근꼴이며
비스듬히 높아진다.

입수염이 없다.

아가미빗살(새파)은
44~52개다.

몸은 광택이 나는
밝은 녹회색 또는 황회색이다.

● 떡붕어

눈은 입 가운데
줄에 있다.

몸이 높은 긴둥근꼴이며
등지느러미 시작점까지
가파르게 높아진다.

입수염이 없다.

아가미빗살(새파)이
92~128개로 매우 많다.

비늘은 크고 얇으며
잘 떨어진다.

몸은 광택이 없는
회백색이다.

● 잉어

입은 약간 아래를
향한다.

붕어와 달리
입수염이 2쌍 있다.

몸이 두텁고 긴둥근꼴이다.

● 이스라엘잉어

몸이 잉어보다 높고, 두텁다.
몸통에 비늘이 성기게 나 있다.

● 비단잉어

* 이스라엘잉어와 비단잉어는 모두 잉어와 같은 종이며, 양식용과 관상용으로 개량되었다.

참붕어

작은 입이 위쪽을 향한다.

● 수컷 혼인색

비늘 뒷가두리와 지느러미가
검게 변한다.

암컷 혼인색은
밝은 녹황색으로 변한다.

● 암컷

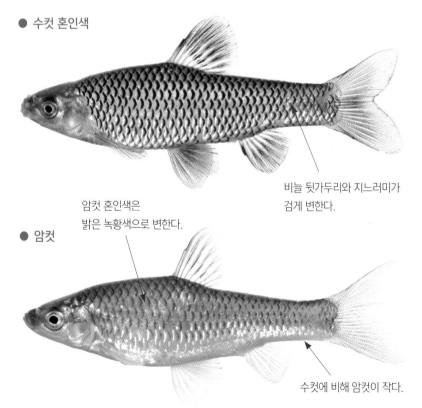

수컷에 비해 암컷이 작다.

누치

머리가 크고
큰 눈이 위쪽으로 치우친다.

● 다 자란 누치

입수염이 1쌍 있다.

위턱이 아래턱보다
길고 입술이 두껍다.

몸통 가운데를 따라
희미하게 큰 점이 있다.

● 어린 누치

긴몰개 | 참몰개 | 몰개 | 점몰개

● 긴몰개

옆줄은 곧다.

입수염 길이는
눈지름과 비슷하다.

옆줄을 따라
검은색 가로줄이 이어진다.

● 참몰개

홍채 위쪽에
붉은 점이 있다.

입수염 길이는
눈지름과 비슷하거나 길다.

옆줄 앞쪽이
아래로 휘었다.

● 몰개

옆줄 앞쪽이
아래로 휘었다.

입수염 길이는
눈 반지름보다 짧다.

● 점몰개

울주 회야강부터 삼척 가곡천까지
동해로 흘러드는 냇물에 산다.

몸 옆면에 검은 점이
세로로 늘어선다.

입수염 길이는
눈지름과 비슷하다.

옆줄 앞쪽이
아래로 휘었다.

왜몰개

● **수컷**

옆줄은 불완전해서
4~9번째에서 끝난다.

몸이 높다.

배지느러미부터 총배설강 앞까지
배에 칼날돌기가 나타난다.

· 알 낳는 시기 수컷은 몸 가운데에
  굵고 검은 세로줄이 나타난다.

● **암컷**

주둥이가 짧고 입은 비스듬히
위쪽을 향한다.

몸이 높다.

· 암수 모두 5cm보다 작지만
  암컷이 수컷보다 크다.

강준치 | 백조어

● **강준치**

한강, 금강, 만경강에 살며,
낙동강에는 옮겨져 들어왔다.

몸은 길고 납작하며 높다.

백조어보다 비늘이 작다.

입은 위쪽을 향한다.

백조어에 비하면
몸이 낮다.

배지느러미와 총배설강 사이에
칼날돌기기 니타난다.

뒷지느러미 갈라진 줄기는
21~24개다.

● **백조어**

낙동강, 영산강, 금강에 산다.

몸은 길고 납작하며 높다.

강준치에 비해 비늘이 크다.

입은 위쪽을 향한다.

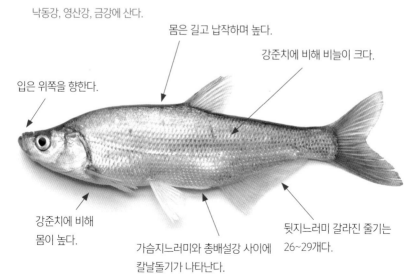

강준치에 비해
몸이 높다.

가슴지느러미와 총배설강 사이에
칼날돌기가 나타난다.

뒷지느러미 갈라진 줄기는
26~29개다.

미꾸리 | 미꾸라지

● 미꾸리

가장 긴 수염이 눈지름의
2.5배 이하로 짧다.

미꾸라지보다 몸통이 가늘고
단면은 둥글다.

꼬리자루 융기연이 미약하다.

● 미꾸라지

가장 긴 수염이 눈지름의
4배로 길다.

미꾸리보다 몸통이 높고
단면은 약간 긴 둥근꼴이다.

꼬리자루 위아래에 융기연이 발달해
꼬리자루가 매우 높다.

동자개

등지느러미 시작점 부근 몸통이 가장 높다.

누런 바탕에 크고 검은 무늬가 늘어선다.

입수염이 4쌍 있다.

위턱이 아래턱보다 길며 입은 아래를 향한다.

꼬리지느러미 가운데가 깊게 파였다.

가슴지느러미 가시 안팎에 톱니가 있다.

대륙송사리 | 송사리

● **대륙송사리**

서해로 흘러드는 냇물과 영산강, 섬진강 등에 산다.

몸 옆면에 점이나
다른 무늬가 없다.

등지느러미는 몸통 한참
뒤쪽에 있다.

아래턱이
위턱보다 길다.

· 송사리보다 작다.

뒷지느러미 밑바탕이 길다.

● **송사리**

서해와 남해의 섬과
남해와 동해로 흘러드는 냇물에 산다.

등지느러미는
몸통 한참 뒤쪽에 있다.

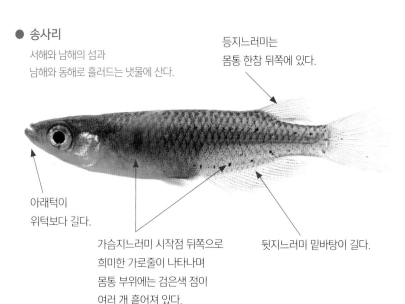

아래턱이
위턱보다 길다.

가슴지느러미 시작점 뒤쪽으로
희미한 가로줄이 나타나며
몸통 부위에는 검은색 점이
여러 개 흩어져 있다.

뒷지느러미 밑바탕이 길다.

잔가시고기 | 가시고기 | 큰가시고기

● **잔가시고기(강릉남대천 이북 타입)**

육봉형물고기다.

가시고기에 비해
몸이 높은 편이다.

등지느러미 가시막이 검다.

● **잔가시고기(형산강, 태화강, 금호강 타입)**

등지느러미와 배지느러미 가시막이
밝은 푸른색이다.

● **가시고기**

육봉형물고기다.

몸 높이가 잔가시고기에 비해
낮은 편이다.

등지느러미와 배지느러미
가시막이 투명하다.

● **큰가시고기**

강오름물고기로, 3~4월에 냇물로 올라와
알을 낳는다.

등지느러미 가시는 3개다.

잔가시고기와 가시고기보다 크다.

블루길 | 배스

● 블루길

몸은 달걀꼴이며 높고,
조금 납작하다.

몸 옆면에 가로줄이
10개 안팎 있다.

입은 작고
약간 위를 향한다.

아가미덮개 뒷가두리에
짙은 남색 껍질막이 있다.

꼬리지느러미가
얕게 갈라진다.

● 배스

아래턱이 위턱보다 길다.

몸은 길고 약간 납작한
유선형이다.

꼬리지느러미가
얕게 갈라진다.

입은 커서 위턱 끝이
눈 뒷가두리를 지난다.

등 쪽에 검은색 얼룩이 퍼져 있고
몸 옆면 가운데에 짙은 검은색 세로줄이
나타난다.

버들붕어

몸은 조금 길고
옆으로 납작하다.

아가미덮개 뒷가두리에
푸른색 무늬가 뚜렷하다.

입은 작고
위쪽을 향한다.

배지느러미 2번째 가시가
길게 늘어났다.

꼬리지느러미가
둥글다.

등지느러미와 뒷지느러미 밑바탕은 길고
뒤쪽 가시는 길게 늘어났다.

황어

● 혼인색을 띤 황어

몸통에 검은색 줄이
2개 있다.

눈 뒤쪽부터 꼬리자루까지,
주둥이부터 꼬리자루까지
주황색 줄이 7개 있고, 몸통 앞쪽 옆줄은 붉다.

몸통에 무늬가 없고
비늘은 은백색이다.

● 어린 황어

꾹저구 | 무늬꾹저구 | 검정꾹저구

● 꾹저구

등지느러미 끝에 검은 점이 있다.

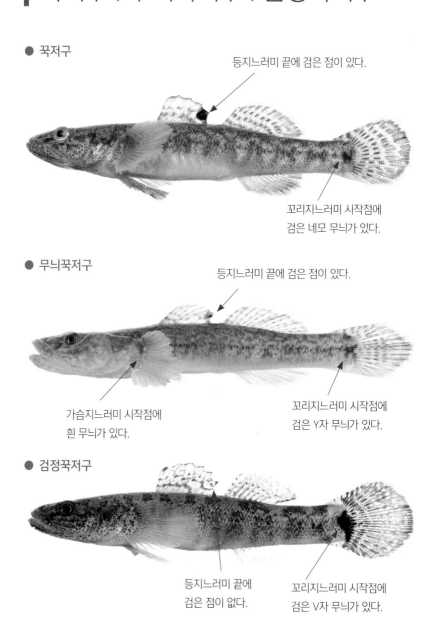

꼬리지느러미 시작점에
검은 네모 무늬가 있다.

● 무늬꾹저구

등지느러미 끝에 검은 점이 있다.

가슴지느러미 시작점에
흰 무늬가 있다.

꼬리지느러미 시작점에
검은 Y자 무늬가 있다.

● 검정꾹저구

등지느러미 끝에
검은 점이 없다.

꼬리지느러미 시작점에
검은 V자 무늬가 있다.

민물두줄망둑 | 두줄망둑

● **민물두줄망둑**

민물, 기수에 산다.

가슴지느러미 1번째 지느러미살이
갈라지지 않는다.

● **두줄망둑**

기수, 바다에 산다.

가슴지느러미 1번째 지느러미살이
갈라진다.

문절망둑 | 풀망둑

● 문절망둑

제2등지느러미 갈라진 줄기는
12~14개다.

꼬리지느러미에
짙은 갈색 무늬가 있다.

● 풀망둑

제2등지느러미 갈라진 줄기는
17~20개다.

꼬리지느러미에
무늬가 없다.

흰발망둑 | 비늘흰발망둑

● 흰발망둑 수컷

다 자란 수컷은 제1등지느러미 가시가 길어진다.

● 흰발망둑 암컷

꼬리지느러미가 시작되는 곳에 검은 Y자 점이 있다.

아가미뚜껑과 머리 뒤쪽에 비늘이 없다.

● 비늘흰발망둑

꼬리지느러미가 시작되는 곳에 검은 ㅁ자 점이 있다.

아가미뚜껑 위쪽과 머리 뒤쪽에 비늘이 있다.

말뚝망둥어 | 큰볏말뚝망둥어
짱뚱어

● 말뚝망둥어

제1등지느러미가
큰볏말뚝망둥어보다 작으며
짙은 갈색이다.

· 몸길이가 10cm 안팎이다.

● 큰볏말뚝망둥어

제1등지느러미가
말뚝망둥어보다 매우 크며
황갈색이다.

· 몸길이가 10cm 안팎이다.

● 짱뚱어

제1등지느러미 가시가
길게 늘어난다.

· 몸길이가 20cm 안팎으로 크다.

몸 전체에 푸른 광택이 나는 점이
흩어져 있다.

숭어 | 가숭어

● 숭어

꼬리지느러미가
깊게 갈라진다.

가슴지느러미 시작점에
푸른 무늬가 있다.

기름눈꺼풀이 발달했으며,
홍채 색이 옅다.

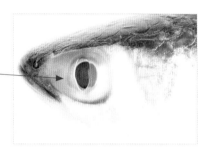

● 가숭어

꼬리지느러미가 얕게 갈라진다.

가슴지느러미 시작점에
푸른 무늬가 없다.

기름눈꺼풀이 덜 발달했으며,
홍채는 누런색이다.

납자루아과

1a.	옆줄이 불완전하다.	납줄개속
1b.	옆줄이 완전하다.	납자루속

납줄개속

1a.	몸 옆면 세로줄이 등지느러미 시작점보다 앞에서 시작한다.	떡납줄갱이
1b.	몸 옆면 세로줄이 등지느러미 시작점 부근에서 시작한다.	2

2a.	아가미덮개 뒤쪽에 무늬가 없다.	한강납줄개
2b.	아가미덮개 뒤쪽에 무늬가 뚜렷하다.	3

3a.	등지느러미 갈라진 줄기가 (10)11~12개다.	흰줄납줄개
3b.	등지느러미 갈라진 줄기가 8~9(10)개다.	각시붕어

납자루속

1a.	아가미덮개 뒤쪽 무늬와 몸 옆면 세로줄이 뚜렷하다.	2
1b.	아가미덮개 뒤쪽 무늬와 몸 옆면 세로줄이 없거나 뚜렷하지 않다.	4

2a.	입수염 길이가 눈 지름의 반보다 짧으며 수컷 배지느러미 앞 가장자리에 흰색 띠가 있다. 아가미빗살(새파)은 15개보다 적다.	줄납자루
2b.	입수염 길이가 눈 지름의 반보다 길며 수컷 배지느러미 앞 가장자리에 흰색 띠가 없다. 아가미빗살(새파)은 15개보다 많다.	큰줄납자루
2c.	입수염이 없거나 짧다.	3

3a.	입수염이 짧고 등지느러미 갈라진 줄기는 11~13개이며 뒷지느러미 가두리에는 특별한 색이 없다.	납지리
3b.	입수염이 없고 등지느러미 갈라진 줄기는 12~13개이며 뒷지느러미 가두리는 검은색이다.	가시납지리
3c.	입수염은 흔적만 있고 등지느러미 갈라진 줄기는 15~17개다. 뒷지느러미 가두리는 흰색이다.	큰납지리

4a.	몸은 엷은 회색이고, 등지느러미 갈라진 줄기는 9~10개다.	납자루
4b.	몸은 어두운 녹색이며, 등지느러미 가장자리에 있는 누른빛 띠가 지느러미 높이의 1/3보다 넓다.	묵납자루
4c.	몸은 짙은 갈색이며, 등지느러미 가장자리에 있는 누른빛 띠가 지느러미 높이의 1/5로 좁다.	5

5a.	알 낳는 시기 암컷 산란관은 짧아서 꼬리지느러미 시작점에 이르지 못하며, 알은 낱알꼴이다.	칼납자루
5b.	알 낳는 시기 암컷 산란관은 길어서 꼬리지느러미 시작점을 지나며, 알은 달걀꼴이다.	임실납자루

납줄개속 | 옆줄이 불완전하다

떡납줄갱이

한강납줄개

납자루속 | 옆줄이 완전하다

아가미덮개 뒤쪽 무늬와 몸 옆면 세로줄이 뚜렷하다.

줄납자루

큰줄납자루

납지리

아가미덮개 뒤쪽 무늬와 몸 옆면 세로줄이 없거나 뚜렷하지 않다.

납자루

묵납자루

흰줄납줄개

각시붕어

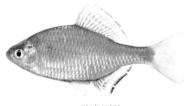

가시납지리

큰납지리

칼납자루

임실납자루

납줄개속 | 옆줄이 불완전하다

세로줄이 등지느러미 시작점보다 앞에서 시작한다.

◆ 떡납줄갱이

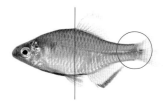

세로줄이 등지느러미 시작점 부근에서 시작한다.

아가미덮개 뒤쪽에 무늬가 없다.

◆ 한강납줄개

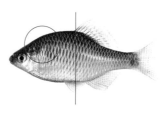

아가미덮개 뒤쪽에 무늬가 뚜렷하다.

등지느러미 갈라진 줄기는 (10)11~12개다.

◆ 흰줄납줄개

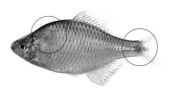

등지느러미 갈라진 줄기는 8~9(10)개다.

◆ 각시붕어

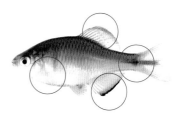

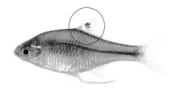

- 수컷 주둥이, 등지느러미, 뒷지느러미 가두리는 붉은색이다.
- 꼬리지느러미 시작점에 검은색 무늬가 있다.
- 알 낳는 시기가 아닐 때 암수 모두 등지느러미 앞가두리에 검은 점이 있다.

- 수컷 혼인색은 검은색과 어두운 누런색이다.
- 중상류에 산다.
- 횡성, 양평, 가평, 예천, 보령 등에 좁게 산다.

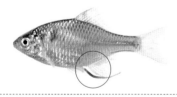

- 수컷 혼인색은 전체적으로 붉지만 평소에는 초록색이 강하다.
- 수컷 꼬리지느러미 시작점에 붉은 무늬가 있다.
- 암컷 산란관 시작 부위는 어두운 붉은색이다.
- 물이 흐르지 않는 중하류에 산다.

- 수컷 혼인색은 누런색이 강하다.
- 등지느러미 가두리는 붉은색, 뒷지느러미 가두리는 검은색이다.
- 암수 꼬리지느러미 시작점에 붉은색 무늬가 있다.
- 물이 흐르지 않는 중하류에 산다.

납자루속 | 옆줄이 완전하다

수컷
▼

아가미덮개 뒤쪽에 무늬가 있고, 몸 옆면에 세로줄이 있다.

입수염이 뚜렷하다.

◆ 줄납자루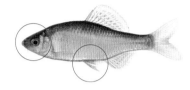

◆ 큰줄납자루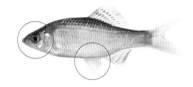

입수염이 짧거나 없다.

◆ 납지리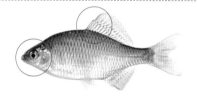

◆ 가시납지리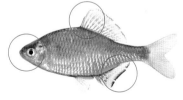

◆ 큰납지리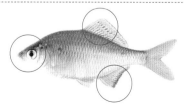

- 입수염 길이가 눈 반지름 정도다.
- 수컷 배지느러미 앞쪽 가장자리에 흰색 띠가 있다.
- 몸 옆면 세로줄이 뚜렷하다.

- 입수염 길이가 눈 반지름보다 길다.
- 수컷 배지느러미 앞쪽 가장자리에 흰색 띠가 없다.
- 몸 옆면 세로줄이 뚜렷하다.
- 섬진강수계 전체, 낙동강수계에는 일부에 산다.

- 입수염 길이가 눈 반지름보다 짧다.
- 등지느러미 갈라진 줄기는 11~13개다.
- 수컷 혼인색은 머리와 가슴, 등지느러미와 꼬리지느러미가 붉게 변한다.
- 몸 옆면 세로줄이 뚜렷하다.

- 입수염이 없다.
- 등지느러미 갈라진 줄기는 12~13개다.
- 뒷지느러미 뒷가두리를 따라 검은 띠가 있다.
- 은빛 광택이 강하고 혼인색은 전체가 보라색을 띤다.
- 몸 옆면에 희미한 세로줄이 있다.

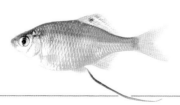

- 입수염은 흔적만 있다.
- 등지느러미 갈라진 줄기는 15~17개다.
- 뒷지느러미 뒷가두리를 따라 흰색 띠가 있다.
- 은빛 광택이 강하고 혼인색은 전체가 보라색을 띤다.
- 몸 옆면에 희미한 세로줄이 있으며, 표본에서는 매우 뚜렷하다.

납자루속 | 옆줄이 완전하다

아가미덮개 뒤쪽에 무늬가 없거나 뚜렷하지 않고, 세로줄도 없거나 뚜렷하지 않다.

몸은 은백색이다.

◆ **납자루**

몸은 어두운 녹색이거나 짙은 갈색이다.

등지느러미에 있는 누런색 띠가 지느러미 높이의 3/1보다 넓다.

◆ **묵납자루**

등지느러미에 있는 누런색 띠가 지느러미 높이의 1/5보다 좁다.

◆ **칼납자루**

◆ **임실납자루**

- 등지느러미 앞가두리와 뒷지느러미 뒷가두리는 붉은색이다.
- 아가미덮개 뒤쪽 점과 세로줄이 뚜렷하지 않다.

- 한강수계 이북에만 산다.

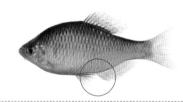

- 알 낳는 시기 암컷 산란관은 짧아서 꼬리지느러미 시작점에 이르지 못한다.
- 알은 낱알꼴이다.
- 낙동강, 금강, 만경강, 섬진강 등에 산다.

- 알 낳는 시기 암컷 산란관은 길어서 꼬리지느러미 시작점을 지난다.
- 알은 달걀꼴이다.
- 섬진강수계에만 산다.

칼납자루 알

임실납자루 알

납자루아과 종 분포도

◆ 묵납자루

◆ 임실납자루

◆ 칼납자루

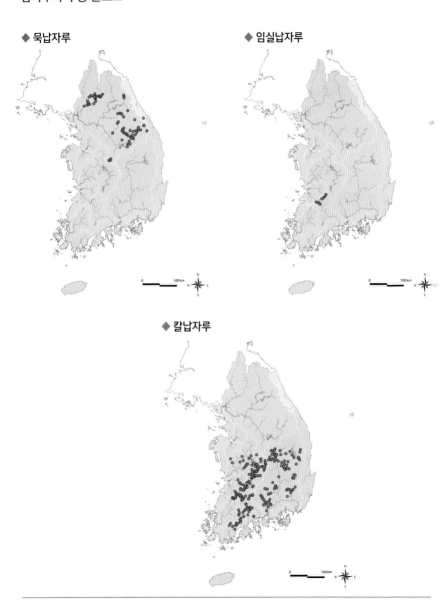

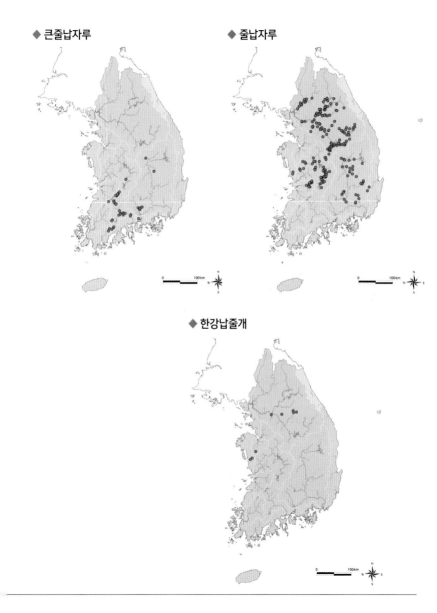

◆ 큰줄납자루

◆ 줄납자루

◆ 한강납줄개

사진으로 찾아보기

* 괄호 속 크기는 다 자랐을 때 기준

붕어(30cm) _ *73, 154*

떡붕어(40cm) _ *154*

이스라엘잉어(40cm) _ *154*

잉어(60cm) _ *74, 154*

누치(50cm) _ *76, 142, 157*

참마자(16cm) _ *62, 142*

어름치(35cm) _ *142*

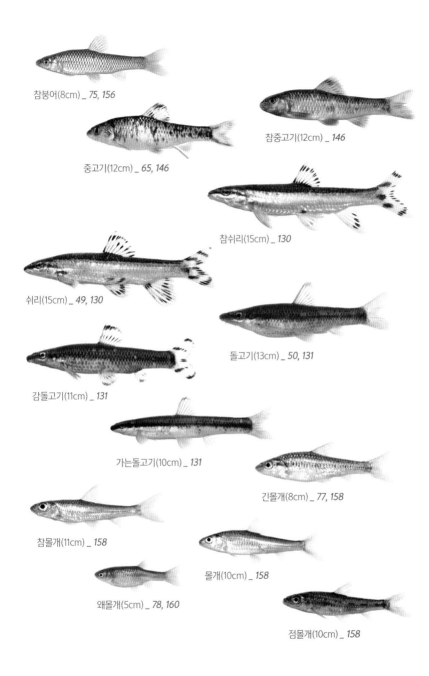

참붕어(8cm) _ *75, 156*

참중고기(12cm) _ *146*

중고기(12cm) _ *65, 146*

참쉬리(15cm) _ *130*

쉬리(15cm) _ *49, 130*

돌고기(13cm) _ *50, 131*

감돌고기(11cm) _ *131*

가는돌고기(10cm) _ *131*

긴몰개(8cm) _ *77, 158*

참몰개(11cm) _ *158*

몰개(10cm) _ *158*

왜몰개(5cm) _ *78, 160*

점몰개(10cm) _ *158*

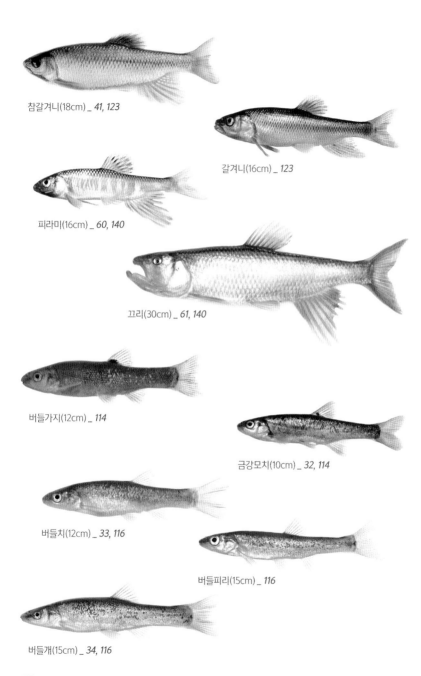

참갈겨니(18cm) _ *41, 123*

갈겨니(16cm) _ *123*

피라미(16cm) _ *60, 140*

끄리(30cm) _ *61, 140*

버들가지(12cm) _ *114*

금강모치(10cm) _ *32, 114*

버들치(12cm) _ *33, 116*

버들피리(15cm) _ *116*

버들개(15cm) _ *34, 116*

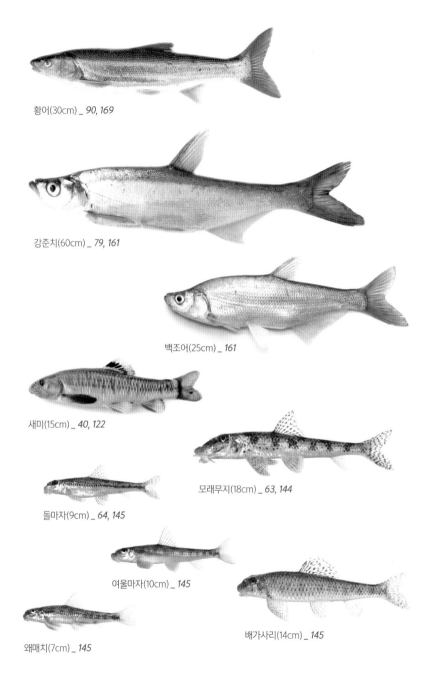

황어(30cm) _ *90, 169*

강준치(60cm) _ *79, 161*

백조어(25cm) _ *161*

새미(15cm) _ *40, 122*

모래무지(18cm) _ *63, 144*

돌마자(9cm) _ *64, 145*

여울마자(10cm) _ *145*

배가사리(14cm) _ *145*

왜매치(7cm) _ *145*

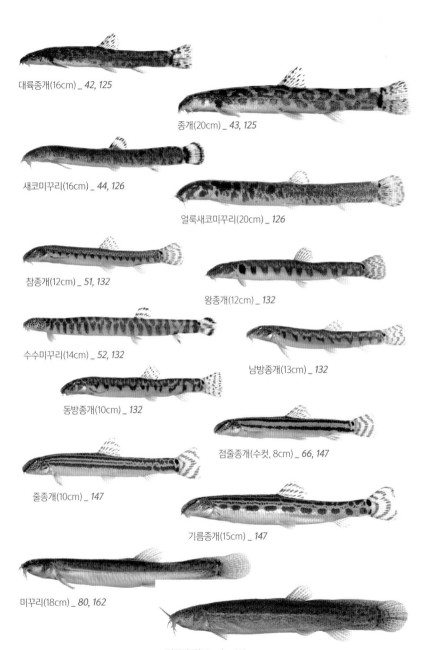

대륙종개(16cm) _ *42, 125*

종개(20cm) _ *43, 125*

새코미꾸리(16cm) _ *44, 126*

얼룩새코미꾸리(20cm) _ *126*

참종개(12cm) _ *51, 132*

왕종개(12cm) _ *132*

수수미꾸리(14cm) _ *52, 132*

남방종개(13cm) _ *132*

동방종개(10cm) _ *132*

점줄종개(수컷, 8cm) _ *66, 147*

줄종개(10cm) _ *147*

기름종개(15cm) _ *147*

미꾸리(18cm) _ *80, 162*

미꾸라지(20cm) _ *162*

눈동자개(20cm) _ *53, 134*

동자개(20cm) _ *81, 163*

대농갱이(40cm) _ *134*

미유기(25cm) _ *45, 127*

메기(50cm) _ *82, 127*

퉁가리(12cm) _ *54, 135*

퉁사리(12cm) _ *135*

자가사리(12cm) _ *55, 136*

섬진자가사리(12cm) _ *136*

동방자가사리(10cm) _ *136*

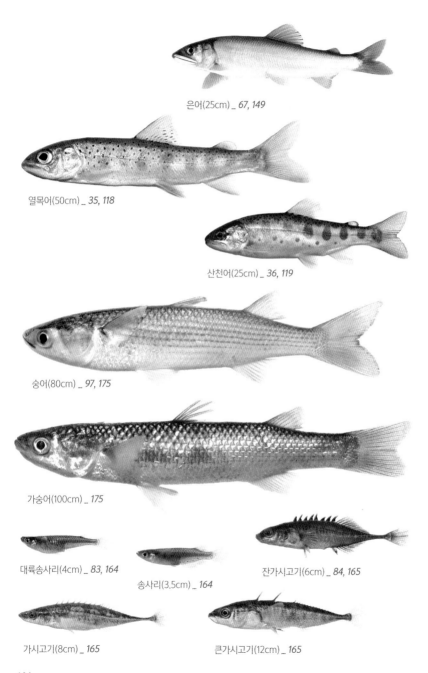

은어(25cm) _ *67, 149*

열목어(50cm) _ *35, 118*

산천어(25cm) _ *36, 119*

숭어(80cm) _ *97, 175*

가숭어(100cm) _ *175*

대륙송사리(4cm) _ *83, 164*

송사리(3.5cm) _ *164*

잔가시고기(6cm) _ *84, 165*

가시고기(8cm) _ *165*

큰가시고기(12cm) _ *165*

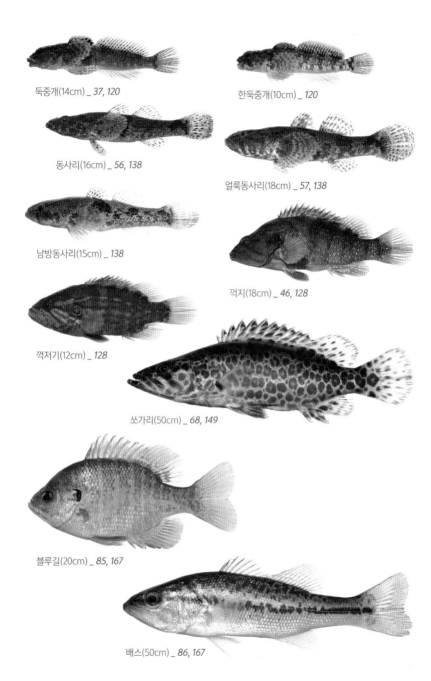

둑중개(14cm) _ *37, 120*

한둑중개(10cm) _ *120*

동사리(16cm) _ *56, 138*

얼룩동사리(18cm) _ *57, 138*

남방동사리(15cm) _ *138*

꺽지(18cm) _ *46, 128*

꺽저기(12cm) _ *128*

쏘가리(50cm) _ *68, 149*

블루길(20cm) _ *85, 167*

배스(50cm) _ *86, 167*

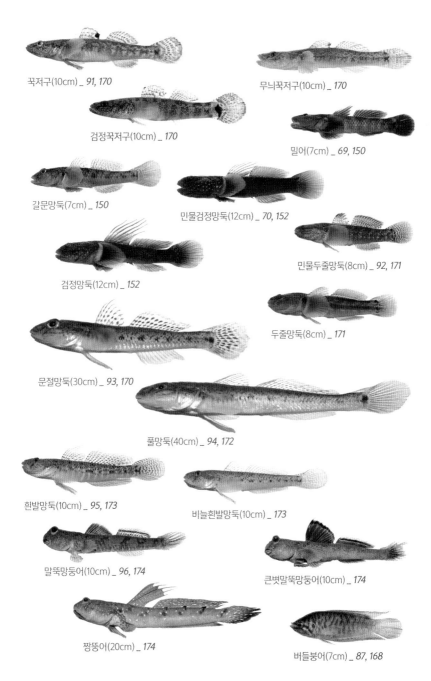

꾹저구(10cm) _ *91, 170*

무늬꾹저구(10cm) _ *170*

검정꾹저구(10cm) _ *170*

밀어(7cm) _ *69, 150*

갈문망둑(7cm) _ *150*

민물검정망둑(12cm) _ *70, 152*

민물두줄망둑(8cm) _ *92, 171*

검정망둑(12cm) _ *152*

두줄망둑(8cm) _ *171*

문절망둑(30cm) _ *93, 170*

풀망둑(40cm) _ *94, 172*

흰발망둑(10cm) _ *95, 173*

비늘흰발망둑(10cm) _ *173*

말뚝망둥어(10cm) _ *96, 174*

큰볏말뚝망둥어(10cm) _ *174*

짱뚱어(20cm) _ *174*

버들붕어(7cm) _ *87, 168*

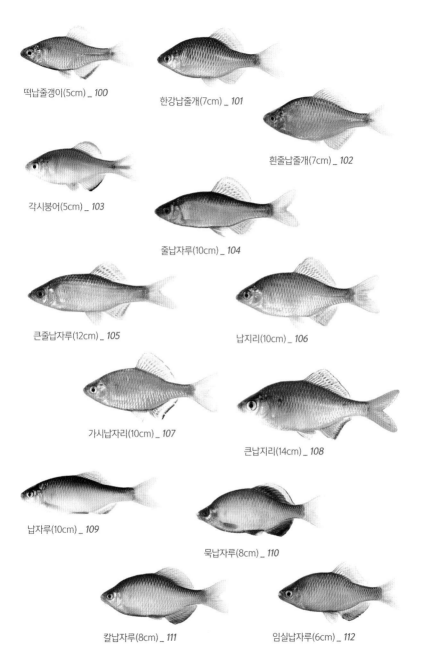

떡납줄갱이(5cm) _ *100*

한강납줄개(7cm) _ *101*

흰줄납줄개(7cm) _ *102*

각시붕어(5cm) _ *103*

줄납자루(10cm) _ *104*

큰줄납자루(12cm) _ *105*

납지리(10cm) _ *106*

가시납자리(10cm) _ *107*

큰납지리(14cm) _ *108*

납자루(10cm) _ *109*

묵납자루(8cm) _ *110*

칼납자루(8cm) _ *111*

임실납자루(6cm) _ *112*